JN198820

実践に活かす

モデルベースシステムズエンジニアリングの基礎

西村秀和 編

西村秀和・河野文昭 著

共立出版

まえがき

2024 年 6 月 24 日にこの書籍の原稿をすべて共立出版へ渡したあとで，アイルランドの Dublin で開催された INCOSE(International Council on Systems Engineering) の国際シンポジウムに参加することができた．2017 年にオーストラリアでの同シンポジウムに参加以来，7 年ぶりとなる．SysML(Systems Modeling Language) が 2006 年に正式に発行されて間もない 2007〜2008 年ごろに，モデルベースシステムズエンジニアリング (MBSE: Model-Based Systems Engineering) が産声をあげはじめ，デジタルエンジニアリングの導入が声高に叫ばれ出した 2018 年を経て，今や MBSE は必須とも言える存在になった．

サイバーフィジカル空間 (Cyber-Physical Space) と呼ばれる，物理空間とサイバー空間がネットワークで繋がった空間で，デジタルツインが必須のものとなり，エンジニアリング分野でのデジタルトランスフォーメーション (DX: Digital Transformation) と言えるデジタルエンジニアリングに火が付いた．そこでのシミュレーション技術の比重は大きく，いかに物理空間と同じ状況をサイバー空間で実現するか，そのためのデジタルモデルをいかに得るかが，注目されることとなった．このデジタルモデルは論理モデルを含み，SysML などの記述モデルがその重要な役割をもつ．

本書はこうした最先端のデジタルエンジニアリングを実現するために必須のアプローチである MBSE の基礎的な内容をまとめたものである．機械工学の分野で制御系設計を専門とし，モデルと言えばシミュレーションと考えてきた私がなぜ，この書籍を執筆するに至ったかを少し振り返ってみたい．

2007 年にはじめてシステムズエンジニアリングの世界に足を踏み入れて，衝撃を受けたのは SysML で記述されたダイアグラムとの出会いである．当時 IBM のワトソン研究所から日本 IBM へ赴任していた Laurent Balmelli 氏は熱心にその本質を説いてくれた．何のためにシステムを記述する必要があるのか質問をぶつけ，何度も何度も議論した．こうして，徐々に “ジュニア” システムズエンジニア[1]に近づいていく道筋が見えてきた．それから3年ほど経過して大きなチャンスが巡ってきた．

それはある自動車会社のエンジニアN氏からのシステムズエンジニアリングに関する突然の問い合わせだった．N氏は，私が同社で2000年ごろから現在も継続して講師を務めている「MATLABによる制御技術講座」を受講したことがあるという．そして，次のように切り出された．

「自身の担当する開発プロジェクトの中で量産に入ろうというところで問題が見つかり，結果的に目標性能未達となってしまった．これを防ぐにはシステムズエンジニアリングが役立つのか？」

N氏からの相談へ対応する準備にぬかりはなかった．2008年の夏，それは次の秋学期に控える必修科目に備えて佐々木正一教授（当時）に“弟子入り”をした暑い2ヶ月間だった．そこでは書籍Visualizing Project Management(VPM)（Systems Engineering Handbook Ver.3とA Guide to the Project Management Body of Knowledge (PMBOK® Guide)の内容を関連づけていて，INCOSE元会長Heinz Stoewer教授（Technical University of Delft）が推薦する書籍）を佐々木教授と輪読した．しかしただの輪読会ではない．トヨタ自動車でプリウス開発を手がけた佐々木教授が都度，経験談を話してくれるとてもリッチな輪読会だ．そこで熱い議論を交わすことで私は2元V字モデルをマスターできた．早い段階からMATLABでシミュレーションし，さまざまな方式でのGo/No-Goを判断した上で，実車テスト（旧車種の改造）で動かして機能および性能を確認する．このようなプロセスを経て量産に進めたのだという．この他にもさまざまな経験談を惜しみなく話してくださったお陰で，VPM内に書かれた文書がつぶさに脳内で再現された．

この輪読会のおかげでN氏の相談内容をすぐに理解することができた．すなわち，開発の早い段階での検証が飛んでしまっていたようだった．すでに他で確認してあるから，行けるはずという判断がどこかにあったという．このちょっとした判断が後になって大きく跳ね返って手戻りを発生させてしまう．これを防ぐにはシステムズエンジニアリングしかない！　この相談をきっかけに共同研究がはじまり，そこから私はシステムズエンジニアリングの世界へと導かれた．立場上，開発そのものには関われなかったものの，共同研究の中で

1)　INCOSE元会長Heinz Stoewer教授（デルフト工科大学）が最初に私に示してくれた目標．

N 氏は困りごとを隠さず相談してくれたおかげで脳内シミュレーションができた.

困りごとの中には, 対象分野の専門家 (SME: subject matter expert) が起こすミスが関係する相談もあった. システムズエンジニアリングのアプローチをとったとしても, システムの不具合は SME レベルに起因する. SME レベルのみが原因で不具合が発生するケースもあると考えられるが, システムレベルからの指示が適格であったかどうかを調べてみる必要性があると考える. システムレベルでその構成要素による不具合の影響が予測できていなければ, 指示を誤ることになる. システムレベル側ではシステム構成要素間の相互作用を検討することはできるが, システム構成要素側では他の構成要素との相互作用を予測できないことを理解しておく必要がある. 特にこれまでに経験のない技術開発では, システム構成要素間の相互作用がそう簡単に予測できるものではない. だからこそ, システムズエンジニアリングが重要になってくると言える.

本書には, 日本のさまざまな産業へシステムズエンジニアリングを普及する活動を行う中で, もっとこうした方が良くなると想うところを記載した. システムズエンジニアリングというと, 製品やサービスの設計のみ, あるいは開発のみを対象にしていると考えられてしまうことが多い. しかしシステムには生まれてから廃棄されるまでのライフサイクルがあること, そして, そこにプロセスがあり組織があって, 製品やサービスなどのシステムがライフサイクル全体を通じて社会に役に立つものになるようにすることを強調している.

第 1 章ではシステムズエンジニアリングの概要として, システム思考の重要性, ビジネスのレベルから考えること, そして, 対象とするシステムをどのように捉えようとするか, その心構えをまとめている. 第 2 章では技術プロセスと技術マネジメントプロセスを中心に, システムを成功裏に実現するために考えるべきことをまとめている. 第 3 章では MBSE でライフサイクルに渡ってモデルを活用することの意義をまとめ, デジタルエンジニアリングへの架け橋となるシステム記述モデルとデジタルモデルの関係性に言及している. 第 4 章ではシステム記述モデルの実践的な適用事例として, 改良開発, テストを有効にするシステムを示し, さらにシステム記述モデルとシミュレーションモデルの連携の姿を具体的なツールを用いた事例で示している.

これらのシステムズエンジニアリングの極めて幅広い領域を浅学の私のみ

ではカバーしきれないため，一般社団法人 JCOSE の活動を運営委員として支えてくれている河野文昭氏（慶應義塾大学 SDM 研究科博士課程在学，スズキ株式会社）に 2.6 節と 3.3 節の執筆をお願いした．また，システム記述モデルとシミュレーションモデルを連携させるツールを提供する MathWorks の鎌谷祐貴氏，赤坂大介氏には 4.3 節の執筆をご担当いただいた．4.1 節と 4.2 節の SysML ダイアグラムの作成に際しては，水野由子氏（慶應義塾大学特任助教（英国在住），元日産自動車）の協力を得た．関係者の皆様に心から感謝申し上げる．

本書の執筆を共立出版から依頼されたのは 2022 年 6 月で，それから原稿を渡すまで 2 年が経過してしまった．共立出版の大久保早紀子氏には折角の執筆の機会をいただきながら刊行が遅れご迷惑をおかけしてしまった．2023 年 7 月に Systems Engineering Handbook 5th Ed. が発行されることがわかっていたため，その出版を待って最新のシステムズエンジニアリングの情報を本書に含めたいと考えたこともその一因である．なお，SysML に関しては，まもなく v2 が正式にリリースされることになるが，本書では v1 の記述にとどめていることをお断りしておきたい．

慶應義塾大学 大学院
システムデザイン・マネジメント研究科 教授
一般社団法人 JCOSE 代表理事
西村秀和

目　　次

第1章
システムズエンジニアリングの概要

1.1 システム思考とライフサイクル

1.1.1 システム思考

システムズエンジニアリングとは「システムの原理と概念，そして科学的，技術的，管理的手法を用いて，エンジニアリングされたシステムを成功裏に実現し，使用し，そして廃棄するための学際的で統合的なアプローチ」である[S.1]．ここでは，このアプローチの基本となる考え方である「システム思考」を取り上げる．

『木を見て森を見ず』ということわざがある．ある専門のドメイン知識をもった研究者あるいは技術者は，その研究領域の中のさらに細分化された部分に強い興味をもっていることが多い．例えば，機械工学の制御系設計をその専門としてきた研究者は，制御技術の応用先として，自動車のエンジンテストベンチ用の低慣性ダイナモ（モーター）を制御したい，ジブクレーンの荷振れを制御したい，宇宙空間で作業するロボットアームを制御したいと思ってしまう．もちろん，これらをやってはいけないことということではない．専門知識をしっかりともち，そこにあるニーズを捉えて，自身のもつ知識を活かせる領域で研究をし，その上で開発を進めていくことは大事なことである．そもそもこういう専門家がいなくなって良い訳はなく，また社会に少なからず貢献していることに疑いの余地はない．ただ，狭い範囲（木）に固執せず，さらに広い範囲（森）を見通すことができれば，より幅広い課題の解決へアプローチし，さらに大きく社会へ貢献することの必要性を見出すことができる．

そこでは，必ずしも限定されたある学問分野の中のさらに細分化された専門性だけでは解決に導けない可能性がある．今，私たちがさまざまなところで直面している課題は極めて複雑なものになっている．その複雑な課題に対して，ある専門領域の知識でのみアプローチしたのでは，本質的な解決に至らない．例えば，交通事故や交通渋滞を減らす，あるいは過疎地での移動手段の確保といった社会的なニーズに対応するために自動車の自動運転を実現したいと考えたとき，技術的，工学的な側面で見ただけでも機械工学，電気・電子工学，情報工学，AI（人工知能），土木工学，交通工学などの幅広い専門領域を必要とする．さらに社会にその自動運転技術が受け入れられるためには，社会学，心理学，哲学，歴史学などの観点からの検討も必要となろう．こうしたさまざまな関係者による明確な観点をもった熟議を経て，課題解決に向けては自動運転の実現だけでは十分ではないという気付きを得るかも知れない．その結果，他に検討しなければならないさらなる課題を見出し，そこへの取り組みを開始する動きに繋がることもあるだろう．

システム科学の原則に基づくシステム思考は，システムズエンジニアリングの基本となる極意とも言える思考法であり，ものごとをシステムとして捉える思考法である．ものごとが複雑に絡み合ってしまっているシステムを考え抜くためには，この思考法をおろそかにすることはできない．『木を見て森も見る』ことが重要であり，システム思考はものごとを系統立ててシステマティックに考えることにとどまらない．全体として捉えてシステミックに考えることこそがシステム思考の神髄であり，複雑な (Complex) システムを考える上で必須の思考法と言える．入り組んだ (Complicated) システムに対して線形的に分解して統合することに重点を置くシステマティックな思考法のみでは，複雑なシステムへの対処は十分とは言えない．トップダウンとボトムアップを繰り返し行うことで創発的な振る舞いを全体として捉えるシステミックな思考法が必要となる．この2つのバランスをとった活動を行うことこそが，システムズエンジニアに求められる思考法である[A.1][N.1] (図 1.1)．

ものごとをシステムとして捉えて考える最初の一歩は，まず対象となり得るシステムを外側から大局的に理解しようとすることである．その理解を向上させるためには視点や観点を変えることが求められる．全体を構造として捉えることにとどまらず，全体の構造がもつ要素が相互作用し，時間的な振る舞いがそこに生じていることを認識しなければならない．その中で，特に影響力のある作用を特定することが全体を把握するために必要となる．全体を把握しないまま，ある特定の部分に対象の絞り込みを行うことは，結果として課題の解決

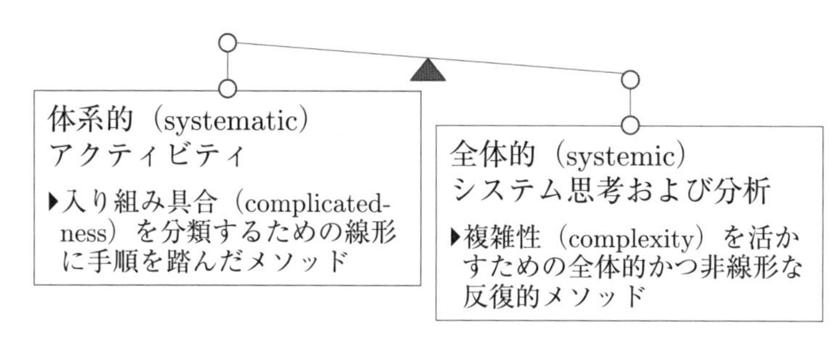

図 1.1　システマティックとシステミックのバランス

には至らない．さまざまな要素が絡み合い全体として複雑さの高いシステムとなっている場合には，意図していなかったことが創発してしまうことがある．早急に結論を出したいという衝動にかられ，課題を十分に検討することなく，先に進めようとする，あるいは短期的な結果ばかりを追い求めることは避けなければならない．

複雑な因果関係の中にはフィードバックループを構成して循環的な性質をもつ場合がある．時間的な遅れをもってその影響が出てくる可能性を認識しておくこと，長期的な視点でものごとを捉えることが求められる．さらに，これまでの経験に基づく憶測だけで考えてしまうことは避ける必要がある．経験やある専門性に基づき頭の中で考えていることを外に出して，関係者間でこれを共有すること，必要に応じてテストすることにより，現状の把握ができ将来の姿を描くことが可能となる．なお，Systems Engineering Handbook(SEH) 4th Ed. にはシステム思考実践者の習慣がまとめられている[A.1][N.1]．

例えば，自動運転システムを構築したいと考える場合に，想定できていなかったことが現実の世界で起きてしまうことを避けるためには，さまざまな利害関係者間で熟議することが期待される．ISO 21448:2022(SOTIF: Safety of the Intended Functionality)[S.2]では，自動運転システムの設計を行う際に仮定する運用領域（ODD: Operational Design Domain，運用設計領域）に抜け漏れがあれば，そこへ対応可能な自動運転システムはつくれないことを指摘している．SOTIF では特に，ユーザーのミスユースと技術面での機能的不十分性・性能限界による不安全を事前に十分に考えられているかが問われている．これによって，現実の世界で起きることが想定外となることをできるだけ回避できるようになると強調されている．自動運転システムの構築に関わる利害関係者間で ODD に関する議論が行われる場で，システムズエンジニアはシステム思考をもって，この議論をリードすることが求められる．これにより，実運用中に想定外の危険な状況となるリスクを極力減らすことができようになる．システム思考はシステムズエンジニアリングを円滑に推進するための必須の思考法と言える．

1.1.2 システムライフサイクル

システムには，それが生まれてからなくなるまでのライフサイクルがある．その標準的なステージとしては，図1.2に示すとおり，システムが生まれるコンセプトステージ，開発ステージ，生産ステージ，利用ステージ，サポートステージ，そしてシステムが廃棄される廃棄ステージがある[S.1]．ライフサイクルステージは単純な時系列的な順番を意味するものではない．これらのステージ上で行われる活動は相互に依存するため，時系列的には重なり同時並行的になる場合もある．

ライフサイクルステージには出入り口があり，何をもって入ることができ，何をもって出ることができるかを，意志決定ゲートを設けて管理する．後続のステージへ進んで良いのかどうかの意志決定の承認に際しては，意志決定のための基準が必要である．基準とする目標を定めた上で，利害関係者，適格な専門家や経営層などにより，成果物，リソース，リスク等をレビューする．意志決定基準に関する検討が不十分なまま，あるいは基準があるにも関わらずそれに未達であっても承認する形でレビューすることは，その後のステージに大きなリスクを生じさせることになる (SEH 5th Ed. 2.1.3(p.30))[A.3]．例えば，コンセプトステージで，ビジネスとしての健全性や，競争力としてキーとなる重要なシステム要素についての成立性に関する検討を十分に行わないまま，開発ステージへと先に進めようとする意志決定は，開発ステージでの大きな手戻りを発生させ，プロジェクト全体の失敗，あるいはQCD（Quality：品質，Cost：コスト，Delivery：納期）の未達を引き起こすことになりかねない．2.1.2項に紹介する技術マネジメントプロセスの中の意志決定マネジメントプロセスが上述の内容に関連する．

以上のライフサイクルの概念に基づき，個々のライフサイクルステージとそれらのステージ間での移行を計画し，そして実装するフレームワークとして，ライフサイクルモデルがある．産業分野などに応じてさまざまなライフサイクルモデルが存在し，ライフサイクルモデルを逐次的，逐次増分的および進化的

図 **1.2**　標準的なライフサイクルステージ[S.1]

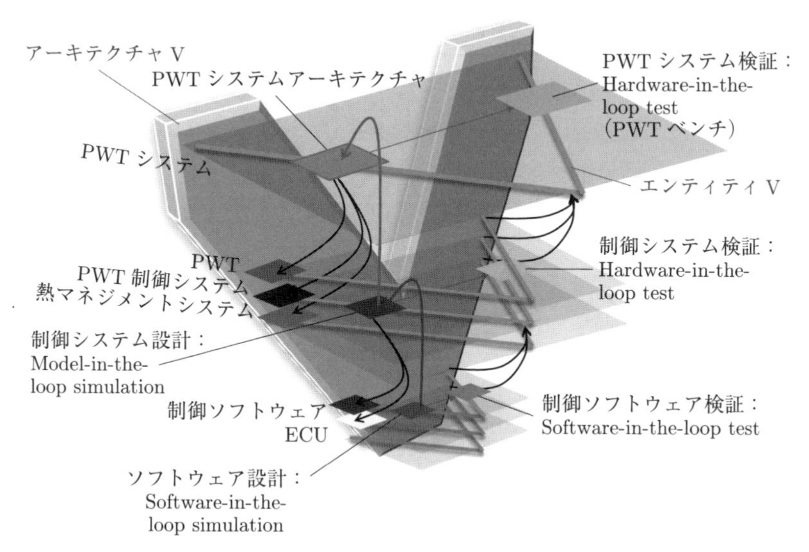

図 **1.3**　**2** 元 **V** 字モデル

の 3 つのアプローチに区別することができる．

逐次的アプローチの一つとして 2 元 V 字モデル[A.2]を図 1.3 に示す．ここでは，開発対象として PWT（パワートレイン）システムを例として示している．分解と統合を表す垂直方向の「アーキテクチャ V」と，PWT システム，そのサブシステムである PWT，PWT 制御システム，熱マネジメントシステム，さらにコンポーネントとしての制御ソフトウェア，ECU のそれぞれの開発プロセスである水平方向の「エンティティ V」とを同時に表している．

図 1.4 に示すエンティティ V は，要求定義，アーキテクチャ定義，設計定義，統合，検証，妥当性確認のプロセスの繋がりを表す．エンティティ (entity) は実体を表す英語であり，この例では，システムである PWT システム，そのサブシステムである PWT，PWT 制御システム，熱マネジメントシステム，さらにその下位にあるコンポーネント階層としての制御ソフトウェア，ECU がそれぞれエンティティである．エンティティがシステムである場合，

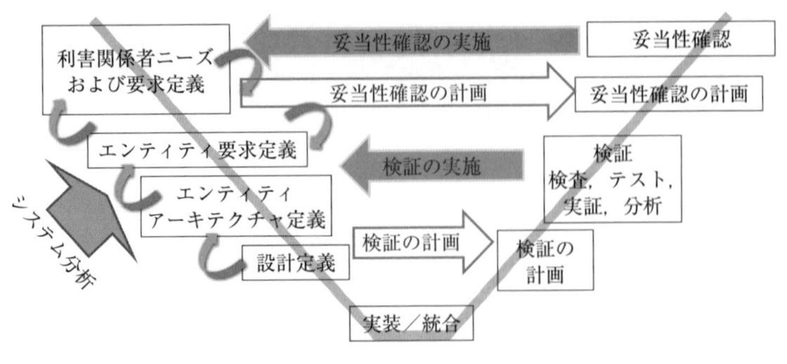

エンティティ：システムまたはシステム要素
実装：システム要素の実現
統合：システム要素の統合

図 1.4　エンティティ V

システム V の左側では，利害関係者ニーズおよび要求定義からはじまり，システム要求の定義，システムアーキテクチャの定義，設計定義と続く．そこには，反復的にこれらの関係性が正しいことを検証することが求められ，その際にはシステム分析プロセスが重要な役割をもつ．サブシステム階層の要求定義，アーキテクチャ定義，設計定義の反復にも，サブシステムとしての分析プロセスが重要な役割をもつ．

アーキテクチャ定義を経て設計定義を進めていく上では，システムを構成するサブシステム（PWT，PWT 制御システム，熱マネジメントシステム）を担当する組織/人に対して，システム要求をもとに，技術的な達成可能性を再帰的に確認しておくことが重要となる．サブシステムの階層で定義されたサブシステム要求に従ってつくられ，検証されたサブシステムを，システムの階層で統合することにより不具合を生じることなくシステムをつくることができるようになる．また，手戻りが生じることなくシステムとしての検証を終えることができる．サブシステムとコンポーネント間の関係性は，ここまでに述べたシステムとサブシステムの関係性と同様である．事前に十分な計画をしないまま実施する効率的でない検証，システム統合の際に行われる擢り合わせ，QCD を守ることを困難にする致命的な手戻りなどによる開発の失敗を防ぐためには，図 1.3 のような製品の階層的な分解に基づきプロセス全体を検討しておくことが重要である．

システム階層のエンティティ V では，利害関係者ニーズおよび要求の定義をもとに予めシステムの妥当性確認の計画を実施しておくことが重要であり，また，システム要求，システムアーキテクチャ定義，設計定義をもとにシステムの検証計画を予め実施することが重要である．V 字の右側を担当する検証／妥当性確認プロセスを実行するチームあるいは部署は検証／妥当性確認で実施するための準備を事前に整えておく．例えば検証で必要となるテスト装置の準備を予め行っておき，どのようなテストケースで検証するのかを検討しておくことで，効率的に検証作業を進めることができるようになる．妥当性確認は定義された利害関係者ニーズおよび要求に対して実施するものであり，また，検証は定義されたシステム要求仕様書に対して実施する．なお，システム階層のエンティティ V で利害関係者ニーズおよび要求の定義を行ったことにより，サブスシステム，コンポーネントの階層では，これを行わない場合がある．この場合，サブスシステム，コンポーネントの階層では，利害関係者ニーズおよび要求に対する妥当性確認の計画および妥当性確認の実施を V 字の右側で行わないこととなる．

なお，図 1.3 には，検証の方法である分析あるいはテストとして用いられる MIL (Model-in-the-loop)，SIL (Software-in-the-loop)，HIL (Hardware-in-the-loop) シミュレーション／テストを割り付けている．これらのシミュレーションまたはテストの実施は，製品やその要素を検証し，妥当性確認をとるために極めて重要である．この実施のためには，シミュレーションモデルが必要となるが，どの部署がどこまでのシミュレーションモデルをもっている，または作成しようとするのか，あるいは，テスト装置として何を準備する必要があるのかを十分に検討しなければならない．2 元 V 字モデルは，このようなエンジニアリング活動のプロセスを明確に表すことができる．

研究開発プロジェクトでは対象のシステムの性能がどこまで達成し得るかがわかっていない場合があり，進化的なアプローチは，システムに要求されている能力が開発の開始時点で必ずしも明らかではないような開発プロジェクトに有効な手法である．管理上または運用上独立した複数のシステムから構成される SoS (System of Systems)[A.1, N.1]を対象とする開発の場合にも，SoS のもつ創発的な特性や利害関係者間の複雑性などのために，最終的な姿を明確に描けるとは限らない．このため，SoS の開発に提案されている Wave モデル[AP.1]では，SoS を進化させる過程で V 字モデルを繰り返し用いることとしている．環境や利害関係者のニーズの変化に応じてバージョンアップをしていくことが求められているための対応策と言える．

また，ソフトウェア開発では，進化的なアプローチの一種であるアジャイル開発の手法がすでに採用され，SAFe (Scaled Agile Framework) がシステムズエンジニアリングへの適用をはじめている[W.1]．進化的アプローチとは異なり，逐次増分的アプローチの場合，最初に定めた製品の能力に徐々に近づけていくために計画的に製品の新しいバージョンを出していく方法をとる．進化的なアプローチでは，例えば，最初のバージョンでは最小実行可能製品 (Minimum Viable Product) をリリースし，利害関係者からのフィードバックを得て，新たな次のバージョンを計画することが可能となる．SEH 5th Ed. の Figure 2.9 には，アジャイルな形で逐次増分的アプローチと進化的アプローチを組み合わせたライフサイクルモデルアプローチが示されている[AP.2]．

近年では，進化的なアプローチの一例として DevOps（開発 (Development) と運用 (Operation) を繋げた用語）が注目されている．例えば，電気自動車の場合，利用ステージで車両から得られるバッテリ利用に関連する情報をもとに，開発ステージでこれを分析して次期型の電気自動車のバッテリ制御設計に活用することがある．あるいは，現行型の電気自動車の利用ステージで改良された制御ソフトウェアを OTA (Over The Air) で更新することを可能とする．すでにパーソナルコンピュータやスマートフォンなどでは，オペレーティングシステムやファームウェアのアップデートを OTA で実施しているが，SDV (Software Defined Vehicle) と言われるように自動車の中でのソフトウェアの割合は増加するばかりであるため，DevOps の活用は避けて通れないと考えられる．すでに ISO/IEC/IEEE 15288[S.1] と ISO/IEC/IEEE 12207[S.3] を参照する形で DevOps の国際標準 ISO/IEC/IEEE 32675:2022[S.4] が発行されている．

図 1.5 は，従来から行われている先行開発と量産開発，生産という工程に，さらに運用環境での OTA による自動車へのソフトウェアのアップデートを行う全体像を描いたものである．従来から行われているプロセスでは，運用環境中にある自動車からコネクティッド技術を用いて運用情報を取得し，次の車種の開発でこの情報が活用される．これに対して運用環境中にある自動車の不具合への対応方策として OTA によるソフトウェアアップデートを実現するためには，具体的にどのような組織的な体制でどのようなプロセスが必要となるだろうか？　運用環境中にある自動車をもともと開発していた組織あるいはサプライヤやエンジニアリングサポートを含めたチームは，運用環境中にある自

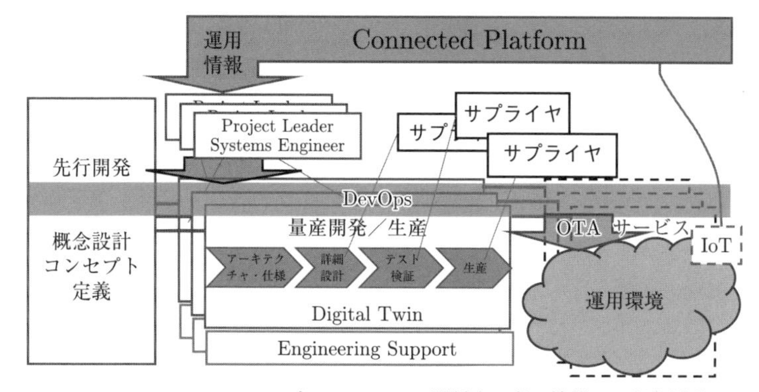

DevOps: Development と Operation に関係する者が協働して行う活動

図 1.5　OTA を用いたソフトウェアアップデートを実現する DevOps

動車のソフトウェアアップデートをする時点でそのままの形では残っていない．この場合に，どの組織やチームがソフトウェアバージョンアップのための分析と改修とテストを行うのか，どのように運用中の自動車のソフトウェアアップデートを行うのか，さらに，そのために必要となる能力 (capability)，役割，サービス，機能，および有効にするシステムが何かを考えておく必要がある．例えばそこでは，デジタルエンジニアリング[W.7]で必要とされる，現実の物理空間と同じ環境をもつ仮想空間でテストするためのデジタルツインの実現が求められる．また，これらを準備し，獲得し，活用していくための計画が必要になる．ISO/IEC/IEEE 32675: 2022[S.4]では，DevOps はライフサイクル全般に渡るプロセスであり，ライフサイクルに渡って品質特性を維持する必要があることから，構成管理プロセス，品質保証プロセスおよびリスクマネジメントプロセスが関与することを指摘している．

1.2　ビジネスレベルから考える

1.2.1　利害関係者

システムにはライフサイクルがあり，それぞれのステージにはさまざまな形でシステムに正当な関わりをもつ人や組織がある．総称としてこれらは利害関係者と呼ばれる．コンセプトステージでは，エンタープライズレベルである組織がビジネスを行うために何が必要となるかを考えることになるため，システムが求められているビジネス環境に関係する利害関係者が関与する．ビジネスのレベルでは，PESTEL（politics：政治，economics：経済，society：社会，technology：技術，environment：環境，law：法律）[A.3]に関連する利害関係者が存在する．これらに加えて，開発ステージでは，システムの取得側ならびに供給側それぞれに開発に携わるエンジニアや調達担当者などが存在する．一方で，利用ステージでは，システムのユーザーやオペレータ，システムが従う必要のある法規を定める団体，また，システムにより危害を及ぼす可能性のある人，組織，設備などに関連する利害関係者が存在する．その他，サポートステージ，廃棄ステージにもそれぞれにさまざまな観点で利害関係者が存在する．

利害関係者は対象とするシステムに関して関心事や懸念をもつため，システムズエンジニアはそれらを明確に捉えた上で対処する必要がある．これらの関心事や懸念はシステム要求の一つである品質特性（例えば信頼性，可用性，保守性，安全性，セキュリティなど）に関連することが多く，これらの正確な把握のために，システムズエンジニアにはその専門性のあるエンジニアとの協働が求められる．こうしてシステムズエンジニアは，ライフサイクルステージに渡る関心事や懸念を利害関係者ニーズとして受け入れてこれを定義し，そして利害関係者の要求へ変換し定義することになる．この後，利害関係者要求をもとにシステム要求が導かれ，システムアーキテクチャの定義とともにシステム要求が定義され，システム要求仕様書が得られる．このシステム要求仕様書に基づき対象システムができあがると検証が行われ，さらに，そのシステムが利害関係者ニーズおよび要求に合致するかどうかの妥当性確認を行うことになる．ライフサイクルステージに渡る利害関係者の関心事や懸念に対処しているか否かが最終的に確認される．ただし，検証と妥当性確認は早い段階から実施することが求められており，この内容については2.4節で述べる．

利害関係者は，システムに対する正当な関心をもつ個人または組織であり，ユーザー，オペレータ，組織の意志決定者，契約の当事者，規制団体，開発機関，支持団体，およびそのシステムが展開される市場や社会などである．例えば，自動車会社がビジネスとして交通社会への自動運転システムの導入を考える際に，自動運転システムが法規などにより規制されていることを考慮することが求められる．この規制は自動運転システムに影響を及ぼす可能性があるため，そのすべてを考慮しなければならない．一方で自動運転システムのような新しい技術を社会に浸透させるには社会や市民からの受容性が課題となる場合がある．この場合は社会や市民が利害関係者となる．異なる利害関係者は異なるニーズをもつため，それらに優先順位付けをして，システムズエンジニアは全体のバランスをとらなければならない．

1.2.2 ConOps（Concept of Operations, 運用上の概念）

組織が，自身がもつミッション，ゴール，目標を達成するために運用する方法を記述した文書を ConOps（Concept of Operations，運用上の概念）と言う．ISO/IEC/IEEE 29148:2018[S.5]によれば，ConOps は，開発するシステム，既存のシステム，および将来的に可能性のあるシステムを用いたビジネスの全体的な，または一連の運用に関しての組織の前提条件または意図を記述したものである（一部抜粋）．

組織として ConOps をもつことにより戦略を明確にすることができ，ビジネスの全体的な運用と，中長期的にどのような範囲で何をしていくと良いかが定まる．そこからあるシステムを必要とする戦略的な動機が生まれ，これが根拠となって，次の段階として，OpsCon（Operation Concept，運用コンセプト）でシステムがそのコンテキストの中で何をなすべきかが定まる[A.1][N.1]．

組織の動機付けを行うモデルとして，OMG (Object Management Group) から発行されたビジネス動機モデル (BMM: Business Motivation Model)(W.2) がある．BMM は図 1.6 に示すとおり，ある事業を行うにあたっての外部および内部のインフルエンサーを特定し，事業にどのような影響を与えるかをアセスメントし，それらの影響によるリスクあるいは潜在的な利益を見出し，現状から最終的に目指すべき姿としてビジョン，ゴール，目標を定義し，これを達成するための手段としてミッション，戦略，戦術を定義することを表している．

このようなビジネスとしての動機付けを行うところからはじめて，事業としての求められる運用を導き出し，さらにこの運用をリソースや標準と結びつけて明確にしていくために，エンタープライズアーキテクチャ (EA: Enterprise Architecture) のフレームワークとして，UAF (Unified Architecture Framework)[W.3]が OMG から発行されている．ここで，エンタープライズとは，「製品またはサービスを提供する，または望ましいプロジェクトやビジネス成果を達成する使命，目標，および目的をもつ，人の行う事業またはリスクを伴う新規事業」と定義されている．UAF に基づき EA をモデルで

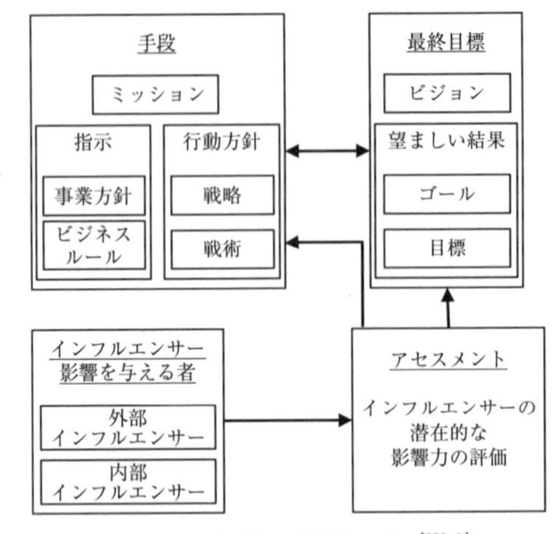

図 1.6　ビジネス動機モデル[W.2]

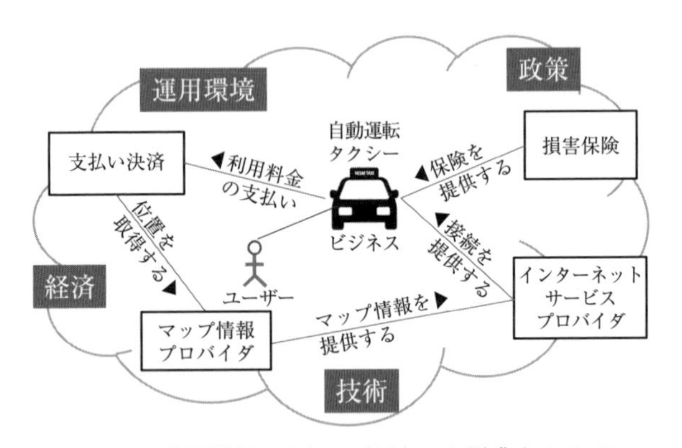

図 1.7　自動運転タクシービジネスを形成する **SoS**

記述するため，システムズモデリング言語 SysML (Systems Modeling Language)[A.4][N.2]をもとにしたモデリング言語 UAFML (UAF Modeling Language) が提供されている．UAF では，事業の現状からあるべき姿へもっていくために必要となる能力 (Capability) を明確にし，その能力をもつためにビジネスに何が要求されるかを洗い出すことで行うべき運用の活動を明らかにする．UAF では，運用アーキテクチャの中で ConOps の文書を策定できるとしている．

図 1.7 には自動運転タクシーのビジネスを運用する際に，どのような外部の仕組みと繋がって，利用ステージで何をするかを示している．ユーザーに自動

運転タクシーを利用してもらう際には，支払いを電子マネーなどで決済できるようにすること，マップ情報プロバイダから地図情報を得て自動運転のタクシーを走らせるために，インターネットサービスプロバイダとの連携が必要となり，また，事故が発生した場合の損害を保証するために損害保険会社との提携が必要となることを示している．運用環境では，経済や政策や技術が複雑に絡み合い，これらの変化にこのビジネスが対応しなければならない．例えば，経済的な変化により，マップ情報プロバイダからの地図情報の提供が受けられなくなった場合に，どのようにビジネスを継続させることが可能となるかリスク分析をしておく必要がある．このように，ビジネスは極めて複雑度が高い，いわゆるSoSの形をとり，管理上または運用上独立した組織の相互運用が求められる中で創発的な事象が起きる可能性があり，その対処は容易ではない．

1.3　システムの特性

1.3.1　システムとは何か

(1) 対象システムと外部システム

ISO/IEC/IEEE 15288:2023[S.1]では，「システムとは，個々の構成要素にはない動作または意味を示す部品あるいは要素を配置したもの」と定義している．このシステムは，ある環境の中で，外部のシステムと相互作用し，その結果としてシステム全体としての機能性 (functionality) を創出する．特にユーザー／オペレータとの相互作用がある場合，そのユーザー／オペレータに何らかの価値を与えることができるという意味で「機能性」が用いられることが多い．例えば，自動運転システムがその動作環境下で，ドライバーに代わって自動車の運転をすることにより，これを利用するドライバーに対して自動車の運転の代行という価値を与えていることは，自動運転システムの機能性と言える．この機能性を実現するために自動運転システムを構成するシステム要素が相互に連携し，運用環境やドライバーを含む外部システムと相互作用している．

システムの外に外部システムや環境が存在することから，システムには境界がある．境界を引くことで，検討あるいは開発の対象となるシステム (SoI: System of Interest) とそのまわりのコンテキストとをわけることができる．すなわち，境界によって，システム内に含めるものと含めないものにわけることができる．例えば，対象のシステムを自動車とした場合に，その自動車を運転するドライバーをシステムの中に含めるか否か，あるいは，対象のシステムを旅客機とした場合に，その旅客機を操縦するパイロットをシステムの中に含めるか否か，どう考えたら良いだろうか？　このような質問に対する正解は，唯一に定まらない．さまざまなコンテキストや目的によって異なる可能性はあるが，フライトシミュレータなどで旅客機の機種ごとに異なるライセンスが必要になるパイロットの場合は，旅客機のシステムの一部としてパイロットを内部に含める可能性がある．これは，旅客機というシステムにとって，そのパイロットがある機能をもって動作することがシステムの一部と考える必要がある場合である．これに対して，乗用車のような一般ドライバーが運転をする自動車を対象システムとする場合，自動車がドライバーに対して，どのような機能性を提供するのかを検討するならばドライバーは外部システムと考える．

(2) システムへの人の統合

システムへの人の統合 (HSI: Human Systems Integration)[A.3]は上述した航空機とパイロットの関係などのさまざまなシステムを構築する上で大きな役割を担う．社会や組織に用いられるシステムは，当然ながら人が関わることとなり，また人に影響を与えることになる．HSI は社会技術的アプローチを提供する考え方であり，システムの技術的，組織的，プロセス，および人の側面を全体として理解し，効果的に統合するための分析，設計，および評価活動を支援する．ヒューマンファクタや人間工学などの既存の分野では人間中心設計を行うことの重要性が強調されている．情報技術の分野では人工知能や仮想現実感などの技術に関連して人とコンピュータの相互作用の課題が顕在化しつつある．HSI はこれらの課題を踏まえて社会技術システム，SoS などの観点と，1.1.1 項で SOTIF に関連して述べた運用設計領域の考え方の観点を集約している．

HSI は，システムのライフサイクルに渡って，システムズエンジニアリングに人間中心設計を関連付けることを可能にするプロセスである．製品やサービスなどを通じてユーザーが体験して感じる使いやすさや印象などを有効に活用するユーザーエクスペリエンス (UX: User Experience) は，HSI のプロセスにとって重要な要素となる．HSI プロセスをシステムズエンジニアリングプロセスに導入することは，例えば人を考慮したプロトタイピングの実施や Human-in-the-Loop のシミュレーションやテストを可能とする．ここでは HSI の概要を述べたが，詳細は SEH 5th Ed. 3.1.4 (P.168–171)[A.3] を参照されたい．

(3) 外部システムと利害関係者

外部システムと利害関係者とを区別しておくことはシステムを定義する上で重要である．すでに述べたとおり，外部システムは，システムの境界を定義するために，システムの外部に存在することを明確にしている．しかしながら，外部システムと利害関係者とを同じ概念として捉える，あるいは混同して用いてしまうことが多くのエンジニアリング活動の中で見受けられる．外部システムと利害関係者とは異なる概念であることを認識しておく必要がある．

ここで，自動運転車を開発する企業のシステムズエンジニア Y 氏が，猫や犬などの動物との衝突を回避するケースを考えたとしよう．このケースでは，明らかに自動運転車が対象システムであり，猫や犬などの動物は外部システムである．その際，Y 氏がこのケースに関与する利害関係者の関心や懸念を把握したいときには，誰に意見を求めると良いであろうか？　もし短絡的に外部システムが利害関係者であるとする考えをもってしまうと，猫や犬などの動物が利害関係者ということとなる．しかしながら，猫や犬などの代表者から，どのような関心や懸念をもっているかを把握することはできない．このケースでは，Y 氏は猫や犬などの動物の飼い主や動物愛護団体へ意見を求めに行くことになる．対象のシステムのコンテキストを考える際に外部システムを明らかにした上で，この外部システムに関連する利害関係者が誰（何）かを考えることによって，その利害関係者から関心や懸念を得ることが可能となる．

(4) システムの階層性とビルディングブロック

一般にシステムはビルディングブロックの関係をもつ．図 1.8 に示すように，対象システムとしての PWT システムをその構成要素でわけた PWT，PWT 制御システム，熱マネジメントシステムもまたシステムとして検討あるいは開発する対象と考えることができる．さらに PWT を構成する駆動システム，バッテリシステム，回生システムも，PWT 制御システムを構成する制御ソフトウェア，ECU も，そして熱マネジメントシステムを構成する熱循環コントローラ，熱循環システムもまた，対象システムとみなすことができ

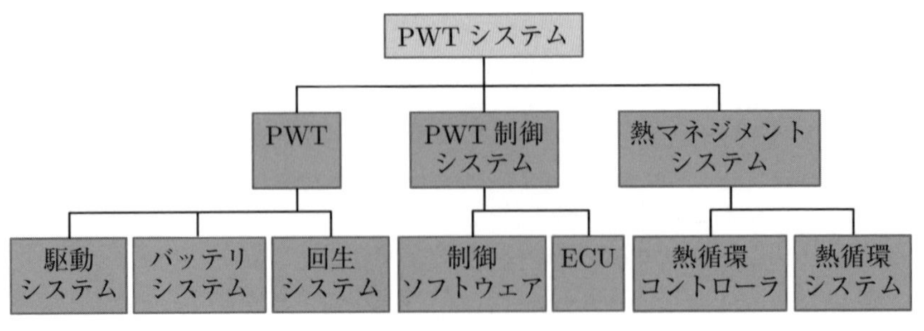

図 **1.8**　システムの階層性

る．

このようなビルディングブロックの関係性からすると，どこまで下位へ降りて行っても「システム」ばかりが出てくることとなる．組織の中でコミュニケーションをとる際に何のシステムかを明確にするためには，個々のシステムが何かがわかるように，図1.8のように命名しておく必要がある．組織の中では命名ルールを決めておくことも混乱を避ける良い方法である．また，自社内で開発するべきシステムなのか，供給者側で開発するべきシステムなのか，あるいはCOTS (Commercial off the shelf) のように買い物で済ませる部品なのかを識別できるようにしておくことも重要となる．なお，図1.8の構造的な分解を表す図はシステムの構成としての一つの側面を示しているが，どのようなインタフェースで相互に関係をもっているか，あるいはどのような振る舞いがそこにあるのかを示すことはできていないことに注意する必要がある．

(5) 対象システムに関連するシステム (SEH 5th Ed. 1.3.3)[A.3]

ある対象システムとその外部システムは何らかのインタフェースで関係をもっている可能性がある．このような外部システムをインタフェーシングシステム (Interfacing System) と呼ぶ．インタフェースによる関係性としては，ある対象と外部システムをフレームやボルトなどの物理的な構造のインタフェースで繋ぐ場合，水や油などの物質的なものを流すインタフェースで繋ぐ場合，電力などのエネルギーを流すインタフェースで繋ぐ場合，あるいはデータ／情報を流すインタフェースで繋ぐ場合がある．

すでに述べたSoSでは，運用環境中でSoIが管理上または運用上独立した外部システムとインタフェースで繋がり，全体として機能する．この場合，外部システムを相互運用システム (Interoperation System) と呼ぶ．なお，ISO/IEC/IEEE 21841 では，SoS 全体の管理権限の度合いが高いものから全く管理されていないものまでを，順に指揮型 (Directed)，承認型 (Acknowledged)，協調型 (Collaborative)，仮想型 (Virtual) の SoS に分類している[S.6]．

対象システムがライフサイクルステージの中で利害関係者のニーズに対応するためには，対象システムを有効にするシステム (Enabling System) が必要になる場合がある．例えば，対象システムを自動車とする場合，生産ステージでは，自動車を生産するためのシステムによって生産性の観点で自動車が有効なものになる．サポートステージでは，メータークラスターパネル内の警告灯の点滅の原因や自動車の故障の原因をすぐに判定できる診断システムによって保守性の観点で自動車が有効なものになる．

1.3.2 システムアーキテクチャとは何か？

(1) システムアーキテクチャの記述

システム全体の特性として，システムには機能性があることを 1.3.1 項に述べた．そこでも述べたとおり，このような機能性を実現するには，システムを構成するシステム要素が相互に連携し，運用環境や外部システムと相互作用する必要がある．また，システムにはライフサイクルがあり，ライフサイクルを通じてそれぞれのステージに応じた機能性をもつことが求められる．このようなシステム特性をもつことを確実にするために，対象システムのアーキテクチャを定義する必要がある．ISO/IEC/IEEE 42020:2019[S.7]では，用語「システムアーキテクチャ」を次のように定義している

「ある実体が置かれている環境の中でその実体の基本的な概念や特性を表すものであり，この実体とそれに関連するライフサイクルプロセスを実現し，そして進化させることを統制する原則である.」

すなわち，実現したいと考えている対象のシステムの基本的な概念や特性が定義されたシステムアーキテクチャは，そのあとのライフサイクルの中での原則になるという重要な役割をもっている．

システムアーキテクチャはそのままでは見ることができないものであるため，アーキテクチャをあるビューポイントから見たビューで記述することにより表現する必要がある[S.8]．アーキテクチャの記述は，利害関係者の関心事や懸念を把握して形づくるアーキテクチャビューポイントと，そこから定まるア

ーキテクチャビューとを集約している．このアーキテクチャビューは利害関係者の関心事や懸念に対処するものとなる．

例えば，対象のシステムの開発をマネジメントしたいと考える利害関係者は，エンジニアリングマネジメントあるいはプロジェクトマネジメントのビューでアーキテクチャの記述を行うことにより，そのモデルがマネジメント計画のガイドになる．これは2.1.2項で後述するプロジェクト計画と関連する．利害関係者が対象のシステムの安全性に関する懸念をもつ場合には，対象システムの基本アーキテクチャの記述に基づき安全性に関する分析を行い，必要に応じて安全対策を検討し立案したことをモデルで記述する．安全性については3.3節で後述する．なお，すでにあるドメインで知識や経験に基づく実践をしているエンジニアは，利害関係者の関心事や懸念を容易に把握し，そしてどのようにこれに対処すれば良いかの判断をすることができる．ただし，これまでの成功体験のみでこれに対処することで良いとは限らないことも注意が必要である．

アーキテクチャを記述する際にその言語としてSysMLを採用することは，利害関係者が対象のシステムをシステムの構造，振る舞い，要求，パラメトリック制約で表現することに関心があることから決定される場合がある．あるいは，システムズエンジニアまたはアーキテクトがアーキテクチャビューポイントとして，モデルベースのビューでアーキテクチャを記述する際に，SysMLを採用すると決定する場合がある．モデルベースシステムズエンジニアリングを採用すると決めている組織の中でのシステムアーキテクチャの記述の場合には，このケースが該当する．

アーキテクチャを記述するためのフレームワークには，アーキテクチャビューの策定を支援する，標準化されたビューポイント，ビューテンプレート，メタモデル，モデルテンプレートなどが含まれ，代表的なものとしてTOGAF (The Open Group Architecture Framework)，NAF (NATO Architecture Framework)，Zachman Frameworkなどがある[S.8]．1.2.2項で述べたとおり，近年ではUAFがエンタープライズアーキテクチャとして注目されている．

(2) システムアーキテクチャの定義[A.1][N.1]

システムアーキテクチャの定義はシステムアーキテクチャ定義プロセスで

行われる．システムとしての本質的な概念，特性，構造，振る舞い，およびフィーチャーに焦点を当てたプロセスであり，システム要求定義プロセスとともに，アーキテクチャとしての記述からシステム要求を精緻化するプロセスである．システムアーキテクチャ定義は，ある環境下で，システム要素間の相互作用や外部システムとの関係から生じるシステムの創発的な特性や振る舞いを理解するのに役立つ．システムアーキテクチャ定義の次にある設計定義プロセスでは，最終的にシステムを実現できるようにするための設計を行う．全体としてのシステム設計を行うためにはシステム要素の設計に関与する必要がある．基本的にシステムアーキテクチャ定義は設計定義を統制するその原則となるため，設計定義プロセスでのトレードオフ空間を広げることが可能となるようにアーキテクチャを定義することが望ましい．

システムアーキテクチャの定義でインタフェースは重要な役割を果たす．インタフェースという言葉は，もともとはラテン語で，「ものごとの間で何かをする」という機能的な意味をもっている．機能の入力と出力として定義されるインタフェースは，対象システムと外部システムや環境との間で何かをすることを定義でき，また対象システムの内部にあるシステム要素間で何かをすることを定義できる．例えば，コネクテッドされている自動車が持続的に外部に対して開かれて，保守された形で相互運用性が求められている場合には，これを保証するインタフェースが必要になる．運用中の自動車の将来に渡るコネクテッド技術を持続するためには標準インタフェースを用いることが意志決定されると考えられる．

1.4 システムズエンジニアに求められる素養

1.4.1 システムズエンジニアリングに必要なコンピテンシー[A.3]

あるシステムが所望の性能 (Performance) を発揮するには，システムにそのための能力 (Capability) を必要とする．システムがその能力をもつには，そのシステムを生み出す組織に，システムに能力をもたせるようにするための能力が必要となる．さらに，組織にその能力をもたせるには，組織に属する個々人にそれに相応しいコンピテンスが求められる．SEH 5th Ed. Figure 4.11 (P.242) はこれらの関係性を図的に表している．ここで，コンピテンスとは，活動やタスクを実行する能力 (ability) であり，コンピテンシーとは，職

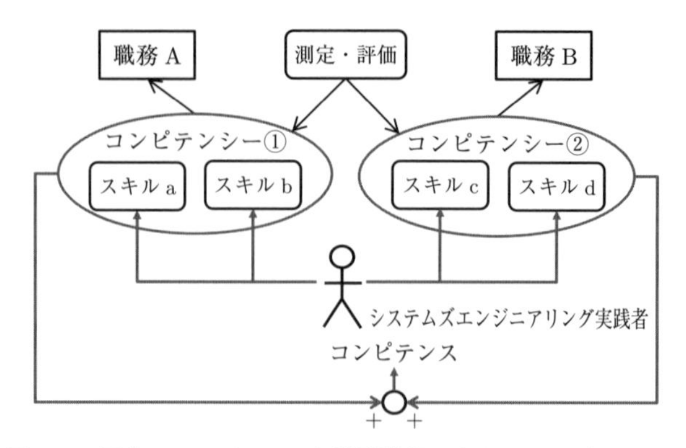

図1.9　個人のコンピテンスと職務遂行のためのコンピテンシー

務遂行に必要なスキルの集合である．図1.9に示すとおり個人のコンピテンスはコンピテンシーの合計で構成される．ある一人のシステムズエンジニアリング実践者の全体的なコンピテンスの大まかな見積または全体像を提供するため，その個人のコンピテンシーを測定および評価することになる (SEH 5th Ed. 5.1 (p.261-265)).

具体的にシステムズエンジニア個々人には，ハードスキルとして，要求分析，アーキテクチャの精緻化および評価，リスクマネジメントなどをこなすスキルが必要となる．一方で，実際にこうした職務を実行する上では，チームをリードするためのメンバーへの動機付け，より密なコミュニケーションなどを行う必要があり，これらはソフトスキルと呼ばれる．人が絡み合う課題を解決に導くための適切な行動を行うには，感情的な知性をもって対処することが求められる．システムズエンジニアリング実践者は，基本的な工学分野の深い知識をもちながら，システムとそれに関係する複数の分野についての幅広い知識を広げ，これを維持し，さらに，学際的に協力することができるスキルに加えて，学際的なチームに基づく認知的スキル，社会情動的スキル[W.4]をもつ必要があるとしている．

1.4.2 システムズエンジニアリングリーダーシップ [A.1]

システムズエンジニアリング実践者は，そのシステムの大小に関わらず，対象のシステムを技術的な側面で「先導」する必要があるため，リーダーとして次のスキルをもつことが求められる．

- SoI のコンテキストを考え，そこにある問題やその状況全体を理解し，そして，ビジョンと方向性を定め，あるべき姿を定義する．
- チームを先導するに際して不確実性に柔軟に対応し，レジリエンスをもった態度をもつ．

つくりあげるべき対象のシステムにも，そのシステムを開発するチームあるいは組織にも，適応性，俊敏性，安全性およびレジリエンスは必要不可欠な特性である．そして，システムズエンジニアリングのリーダーもまた，その特性をもち，チームや組織のメンバーの模範となることが求められる[A.1]．

第2章

技術プロセスと技術マネジメントプロセス

2.1 システムズエンジニアリングプロセスの中での位置付け

2.1.1 システムズエンジニアリングプロセス

ISO/IEC/IEEE 15288:2023[S.1]では，システムズエンジニアリングプロセスを合意プロセス，組織のプロジェクトを有効にするプロセス，技術マネジメントプロセス，技術プロセスの4つにわけている（図2.1）．1章1.1.2項で示した逐次的なライフサイクルモデルである2元V字モデルは主として技術プロセスを表している（正確には移行プロセス，運用プロセス，保守プロセス，廃棄プロセスを含まない）．この技術プロセス全体をマネジメントするために必要なプロセスが技術マネジメントプロセスであり，製品やサービスなどのシステムを実現するプロジェクトを組織として有効なものにするためのプロセスが，組織のプロジェクトを有効にするプロセスである．製品やサービスに必要な一部または全体を別の企業等から調達する場合に，それを取得する側と供給する側で合意をするためのプロセスが合意プロセスである．

システムズエンジニアリングの活動を2元V字モデルのみに限定して論じられる場合があるが，その場合は開発ステージに焦点を当てて論じているものと解釈する必要がある．実際にはこのエンジニアリング活動をマネジメントするプロセス（技術マネジメントプロセス）と，このプロセスを実行する組織がもつプロジェクトを有効なものにするプロセス（組織のプロジェクトを有効にするプロセス）が必要である．また，そのつくりあげるべき製品やサービスなどのシステムを，取得側の要求に従って供給側が取得側へ供給する場合がある．取得と供給の関係では，例えばOEM（Original Equipment

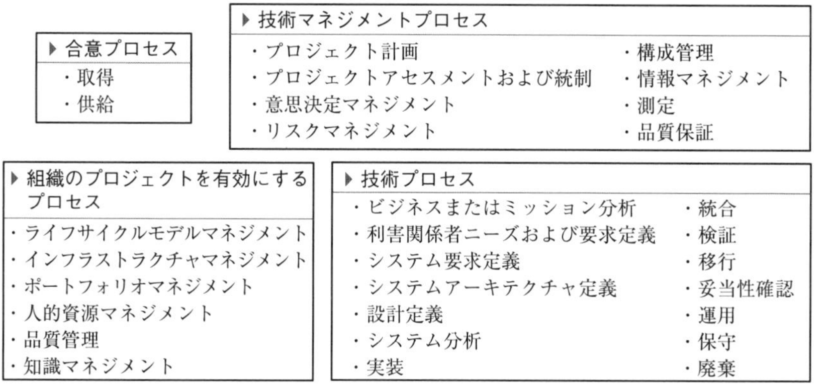

▶ 合意プロセス
- 取得
- 供給

▶ 技術マネジメントプロセス
- プロジェクト計画
- プロジェクトアセスメントおよび統制
- 意思決定マネジメント
- リスクマネジメント
- 構成管理
- 情報マネジメント
- 測定
- 品質保証

▶ 組織のプロジェクトを有効にするプロセス
- ライフサイクルモデルマネジメント
- インフラストラクチャマネジメント
- ポートフォリオマネジメント
- 人的資源マネジメント
- 品質管理
- 知識マネジメント

▶ 技術プロセス
- ビジネスまたはミッション分析
- 利害関係者ニーズおよび要求定義
- システム要求定義
- システムアーキテクチャ定義
- 設計定義
- システム分析
- 実装
- 統合
- 検証
- 移行
- 妥当性確認
- 運用
- 保守
- 廃棄

図 **2.1 ISO/IEC/IEEE 15288:2023**[S.1]のシステムズエンジニアリングプロセス（「プロセス」を省略して表記）

Manufacturing) と Tier 1（最上位階層）との間で契約書を交わす取引，あるいは契約書を交わすことのない，企業内の異なる部門間での取得と供給の関係に，合意プロセスの取得プロセスおよび供給プロセスが関係する．

組織のプロジェクトを有効にするプロセスのライフサイクルモデルマネジメントプロセスでは，その組織で用いるライフサイクルモデル（1.1.2 項で述べた 2 元 V 字モデルなど）を定義し，手順を定め必要に応じてプロセス改善を行えるようにしていく．このためにはプロセスを実施した結果の測定，教訓を情報として獲得し，これをアセスメントする必要がある．人的資源マネジメントプロセスは，組織としてシステムズエンジニアリングプロセスを確実に実施するための人員をマネジメントする重要なプロセスであり，そこでは知識マネジメントプロセスによって，組織としてこれまでに得られている知識を活用できるようにアセットとして管理することが求められる．さらに組織としてプロジェクトの **QCD** (Quality, Cost, Delivery) を守ることは必須のことであり，顧客満足を達成するために品質管理プロセスにより品質を管理することが重要となる．

2.1.2 技術マネジメントプロセス

技術マネジメントプロセス[A.1][A.3]にはプロジェクト計画プロセスがある．このプロセスでは，ライフサイクルモデルマネジメントプロセスで定めたライフサイクルモデルに基づきプロジェクトを実施する上での計画を策定する．

プロジェクトマネジメント計画 (Project Management Plan) によるプロジェクト全体のマネジメント計画の中で，技術の側面での管理を行う．そこでは特に，SEMP（Systems Engineering Management Plan，システムズエンジニアリングマネジメント計画）と TPM（Technical Performance Measure，技術性能指標）が重要な役割を担う．SEMP はプロジェクトで何をどのように，いつ誰がどこで行う必要があるかを提供するため，プロジェクトの初期の段階で準備するものであり，それぞれの技術プロセスの作業を実行するための人員あるいは設備などのリソースを明確にする．

SEMP の策定にあたっては，技術プロセスの中のシステム要求定義プロセスおよびシステムアーキテクチャ定義プロセスで行われる機能の分解で定義される機能分解構造 (FBS: Function Breakdown Structure) と機能の割り当て先として定義される製品分解構造 (PBS: Product Breakdown Structure) をもとに，作業分解構造 (WBS: Work Breakdown Structure) を導く．WBS には作業が階層的に分解されて示され，下位は機能および製品が細分化された部分に対する詳細な作業を行う．通常，プロジェクトマネジャーは WBS に基づくプロジェクトのマネジメントを行うが，上述のように，明確にシステム要求定義，システムアーキテクチャ定義と結びついて，SEMP が計画されることは重要な点である．

プロジェクトにはリソースの制約もあり，また技術的なリスクも存在するため，その中で QCD を維持する形で計画する必要がある．技術マネジメントのアクティビティは，システムズエンジニアリングプロセスを計画し，スケジュールし，レビューし，そして監査することであり，この実施にあたって，TPM をもとに性能要求の達成度合い，設計の進捗や技術的なリスクをアセスメントする．TPM は，アーキテクチャの情報から重要な技術パラメータに焦点を絞った MOP（Measure of Performance，性能指標）から導出されるものであり，SEMP の中で TPM はプロジェクトの統制に欠かせない指標である．

プロジェクト計画プロセスで計画されたプロジェクトを実現する上で，プロジェクトアセスメントおよび統制プロセスは重要なプロセスである．ISO/IEC/IEEE 15288:2023, 6.3.2.1[S.1] に記載されているように，プロジェクトアセスメントおよび統制プロセスの目的は，計画が整合して実現可能かどうかをアセスメントし，プロジェクトの状況，技術およびプロセスの遂行能力を判断し，そして，技術目標を満足するために，計画された予算内でその実績が計画とスケジュールに確実に従うよう実行を指示することである.

プロジェクト実行前には，そこに必要となるインフラストラクチャーは妥当か，リソースの可用性があるかをアセスメントする必要があり，実行中はTPMなどの指標を評価するためのデータを収集する必要がある．そして，プロジェクトの技術的な進展を監視し，新たなリスクがないか，追加するべき技術分野がないかをアセスメントする．プロジェクト計画を確実に実行するためには統制が必要となる．SEMPのもとでプロジェクトを実行する中では，手戻りが発生することや，既知のリスクレベルが変化すること，あるいは想定外のリスクが生じてしまうこともある．このような場合，プロジェクトの全体的な技術的アプローチの調整が必要になる場合もある．新しいプロジェクトを行うに際しては，こうした過去の経験や知見を活かしてリスクのアセスメントを行い，これまでに用いてきたSEMPを更新することが重要である．SEMPは，技術プロセスの運用プロセスでの安全性，セキュリティなどの品質特性の確保や運用を支援するためのトレーニングに対応する必要がある．このため，これらに関連するシステム要求やさまざまな契約上の条件に対応しなければならない．リスクマネジメントプロセスあるいは構成管理プロセスなどが関わる中での統制を必要とする.

2.1.3 技術プロセス

技術プロセス[A.1][A.3]をはじめる段階で重要なことは，コンセプトを定義し，そしてシステムを定義することである.

- ビジネスまたはミッション分析プロセス
- 利害関係者ニーズおよび要求定義プロセス

でコンセプト文書を策定し，これによりコンセプトを定義することができる．そこでは，ライフサイクルステージごとにコンセプトの定義が必要となる．ビジネスまたはミッション分析プロセスでは，主要な利害関係者を列挙し1.2.2項で述べた組織レベルでの運用上の概念 (ConOps) を定め，その上で，構築する必要のあるシステムの運用コンセプト (OpsCon) を導く．さらに，対象システムに関わる他のライフサイクルステージの利害関係者ニーズに対処するコンセプトを確立する．当初は予備的なコンセプトからはじまり，利害関係者が特定され，そのニーズと要求が定義され，さらにコンセプトが詳細化される．この中で，顧客やユーザーからのビューポイントでシステムに対して何をもって効果があるとするかを示す指標MOE（Measure of Effectiveness，効果指標）が定まる．

次にシステム定義を

- システム要求定義プロセス
- システムアーキテクチャ定義プロセス
- 設計定義プロセス

で行うことになる．この中で，主としてシステム要求定義プロセスとシステムアーキテクチャ定義プロセスの間を反復することにより，定義された利害関係者ニーズおよび要求をもとにして技術用語を用いてシステム要求に変換する．さらに設計定義プロセスも関与する形で段階的な詳細化を経て最終的にシステム要求仕様書の策定が行われる．アーキテクチャ定義プロセスでは，段階的にまた反復的に機能アーキテクチャ，論理アーキテクチャ，物理アーキテクチャが定まる．設計定義プロセスでは，アーキテクチャ定義の中で定められた事項と一貫性のある実装可能なシステムおよびその要素についての詳細なデータや情報を提供できるようになる．システム構成要素が具体的に実装可能な要素として定義され，また，それらを統合したものがシステムとなるところまで設計が定義されていることが求められる．

システムはビルディングブロックとして考えられることを1.3.1項で述べたが，上位のシステムを構成するあるシステム要素を下位のシステムとして考える必要があるならば，そこから別の組織あるいは部署でシステムズエンジニアリングを開始する場合がある．この場合，上位のシステム要求を定義する中で下位のシステムに対する要求を明らかにし，上位から下位へ提供するこの要求を下位が受け取り，その下位が担当するシステム要素の要求仕様書を作成することとなる．上位のシステム定義を行う中では，システムの効果指標MOEを満たすためにシステムとして必要とする性能に関する指標MOPを定め，MOPで示される達成すべき性能からシステムまたはその構成要素に要求される技術性能を評価する指標TPMを定める．システムを担当する上位組織がシステム要素を担当する下位組織との間でTPMを含めた情報のやりとりをして，プロジェクトのアセスメントと統制を進めていくことになる．

ここまで述べたコンセプト定義とシステム定義を行っていく上で，また，他のライフサイクルプロセスの中での意志決定を行っていく上で，システム分析プロセスは重要な役割を担う．システムの実現可能性，コスト，リスクの洗い出し，また性能や状態や制約，品質特性などを決定していくための分析に関与する．すでに1.1.2項で2元V字モデルに関連して述べたとおり，検証プロセス，妥当性確認プロセスにとっても重要なプロセスとなる．

実装プロセスでは規定したシステム要素を実現する．統合プロセスではその実現されたシステム要素を統合して，定義されたシステム要求，システムアーキテクチャ，設計に合致するシステムを実現する．検証プロセスでは，システムまたはシステム要素が規定された要求と特性を満たしていることの客観的証拠を提供する．この検証プロセスは最終成果物としてできあがったシステムまたはシステム要素を検証するのみにとどまらない．これらができあがるまでに中間成果物として得られる要求，設計特性に対して検証を行っておき，そのトレースがとれるようにしておくことにより，ある時点で規定された要求と特性を満たしていない場合に，どこに問題があったのかが素早く適切に見つけられるようになる．2.4節で妥当性確認プロセスとともに詳述する．

移行プロセスにより，検証されたシステムを運用環境中に置き運用ステージを開始できるようにする．運用環境中で利害関係者の要求するサービスをシステムが提供できるようにすることが求められる．この移行プロセスには，ある場所で統合され検証されたシステムを運用環境中に輸送することを含む．コンセプト定義でこの移行プロセスを十分に考慮していない場合には，統合プロセス，検証プロセスを経たシステムを運用環境へ投入しようとする際に困難に直面する可能性がある．

妥当性確認プロセスでは，システムが意図した環境で意図したように用いられ，ビジネスまたはミッションの目的と利害関係者要求を満たしていることの客観的証拠を提供する．妥当性確認プロセスは最終成果物としてできあがったシステムの妥当性を確認するのみにとどまらない．事前に利害関係者要求の妥当性確認を行っておくことにより，正しい利害関係者要求を得ることができ，それを変換して得られるシステム要求が正しいものになる．そして，その利害関係者要求に対して最終成果物として得られるシステムの妥当性確認ができるようになる．2.4節で検証プロセスとともに詳述する．

運用プロセスの目的は，システムを用いてそのサービスを提供することである．運用中にシステムは必要とする遂行能力を発揮し，顧客やオペレータから受け入れられなければならない．利用ステージとサポートステージは通常並行して存在し，保守プロセスによりシステムの能力を維持する必要がある．このためには，運用中のシステムの遂行能力を観測することが求められる．当然ながらつくりあげたシステムの利用ステージはシステムにとって極めて重要であるため，初期のコンセプト定義の段階から，どのようにシステムを用いて顧客やオペレータに対してそのサービスを提供するかを運用コンセプト (OpsCon) でまとめる．この OpsCon に沿って許容されるリスクの範囲で運用されることが望ましいが，受け入れられる範囲から外れた場合に何らかの是正措置がとられるように準備をしておくことが求められる．利用ステージではじめて遭遇する環境，状況下で安全を確保することは容易ではない．

保守プロセスでサービスを提供するシステムの能力を維持するためには，是正保守，適応保守，完全化保守，予防保守を計画しておく必要があり，これらの保守を有効にするシステムが必要になる場合，事前に準備しておかなければならない．自動車の場合，保守を担うディーラーのサービス部門では，自動車の故障内容およびその原因をログデータからすぐに判断できるようになっている．このようなサービスを提供できるようにするには，コンセプト定義の中で保守コンセプトを定義し，保守コンセプトを実現するための機能を対象システムにもたせるとともに，これを有効にするシステムが必要ならば，そのシステムの開発を行う必要がある．

廃棄プロセスの目的は，規定された意図する使用に対してシステム要素またはシステムの存在を終わらせ，交換された，または廃棄された要素を適切に処理し，そして特定されている重要な廃棄ニーズに正しく注意をはらうことである．そのニーズに基づき廃棄コンセプトとしてまとめておき，廃棄のための準備，計画を事前にしておくことが求められる．廃棄ステージで，廃棄処理の方法が開発されておらず破棄できないような事態は避けなければならない．廃棄コンセプトで環境，生態系への影響などを考慮し，廃棄プロセスでコストオーバーランにならないような対処を検討することは，対象システムのアーキテクチャ定義に影響を与える新たなビューポイントになり得る．また，廃棄を有効にするシステムの開発の必要性を明確にすることができる．

2.2 ライフサイクルで考えるコンセプトの定義

ビジネスレベルでの運用上の概念 (ConOps) の重要性については，すでに1.2.2項で述べた．技術プロセスの中のビジネスまたはミッション分析プロセスでは，ConOpsを入力として用いるか，あるいはConOpsを策定することにより，対象のシステムがConOpsの中で何をするべきかが明確になる．すなわち，対象のシステムがそのコンテキストの中で何をする必要があるかが明確となる．これが記述された文書をOpsCon（運用コンセプト）という．そこでは，利害関係者ニーズを明確にとらえ，そこにあるコンテキストの中で対象のシステムが何をする必要があるのかを捉える．

予備的な段階として，問題または機会の空間を定義し，解決策の空間を特徴付けることが求められる．また，運用コンセプト以外にも，ライフサイクルステージごとにコンセプト（取得コンセプト，展開コンセプト，サポートコンセプト，廃棄コンセプトなど）があることに注意する必要がある．ライフサイクルコンセプトの主たる目的は，仕様書策定の初期段階で，顧客やユーザー，オペレータなどとの対話を通して，利害関係者といわゆる概念を共有することである (Systems Engineering Handbook(SEH) 4th Ed. 4.2.2.4[A.1])．これにより，対象のシステムの運用上のニーズや，利害関係者ニーズを明確に理解することを保証でき，さらにシステムに要求される性能の論理的な根拠が，後に策定されるシステム要求仕様書や下位の階層のシステム要素の要求仕様書に反映される．これらのライフサイクルコンセプトは，利害関係者ニーズおよび要求定義プロセスの中で詳細化され，また，システム要求定義プロセス，システムアーキテクチャ定義プロセスおよび設計定義プロセスへの入力となる．

コンセプトを定義することは，コンセプトを文書としてまとめることを意味する．システムライフサイクルの初期の段階で，実装に捉われず，何が必要かを定義する．そこでは，まず利害関係者が特定され，利害関係者ニーズが明確に捉えられる．コンセプト文書に記述されていることから，対象のシステムがそのコンテキストの中で，外部システムとインタフェースで繋がって相互作用し，ユーザーやオペレータなどへ特定の能力を提供すること，そしてその振る舞いや特性が要求されていることを把握できる．

プロジェクトの失敗は，コンセプト定義を愚かにして，詳細なシステム定義を熱心に進めようとすることに起因すると言われている．これまでの成功体験のみに依拠した意志決定や，限定された利害関係者間でのコンセプトの共有では，対象とするシステムの大きな改善の機会を逸する．それぞれの専門家の頭の中にある概念やメンタルモデル，あるいは暗黙知を一旦すべて外に出し，関係者間で話し合い，そこで議論したことを総合することにより，利害関係者間で共有できるシステムコンセプトをもつことができる．利害関係者間での議論にはシナリオを作成することが有効である．

特に，複雑で不確実な環境下に置かれた対象システムがどのような機能性をもつ必要があるか，ユーザーやオペレータにどのような能力を提供すると良いかを考える上で，シナリオ構築は大きな効果を生む[A.1]．シナリオ構築は振る舞いを記述することに結び付くため，3章3.1節のモデルを活用することで大きな相乗効果を生む．著者らのJASPARとの共同研究[NP.1]では，異なる企業間のエンジニア同士でさまざまな状況に置かれる自動運転車を議論し，モデル記述し，その上でさらに議論を重ねることを繰り返した．この間に，例えば，高速道路を走行中の自動運転車の前をドローンが飛んでいる場合を想定できていないことに気付き，この場合，自動運転システムはどのような振る舞いをすることが求められるかという議論を進めることができた．運用シナリオをさまざまな観点から熟議することでコンセプトの網羅性を高めることは，妥当性確認プロセスで行う活動に関連し，ここではコンテキストの見落としを防ぐことに繋がる．この他にもエンジニアの頭の中にあり表出されていない暗黙知に関係するシナリオやそれに関係するニーズを発見できる可能性がある．

先行開発でのコンセプト段階でシステムレベルの十分な検討をしないまま，量産開発へ進み，目標とした性能が未達となってしまう場合がある．先行開発の対象がシステム要素（あるシステム内の一部）の場合であっても，システムレベルでのコンセプトを定義しておくことが重要となる．この場合，対象のシステム要素を含むシステムレベルでのプロトタイプを実施することや，システムレベルでのシミュレーションを駆使することが有効となる．先行開発を終えて量産開発に入ってから，システムレベルでの性能が達成できないために，あたかもこれから先行開発を実施するかのような工程になってしまうことは，量産開発から先行開発への大きな手戻りが発生したことを意味する．これを防ぐためには，先行開発で対象とするシステム要素を構成要素とするシステムのレベルでのリスク分析が重要な鍵となる．先行開発の段階で，システムレベルでの運用シナリオのニーズに基づきテストケースを考え，外部環境や外部システムとの相互作用を生む外部インタフェースを含めた検証要求やその計画を検証プロセスにより定め，テストあるいはシミュレーションを実施することが期待される．また，いわゆる技術成熟度レベル (TRL: Technology Readiness Level) を規定することにより，量産開発へ移行して良いか否かの判断を確実なものとすることが可能となる[W.5].

2.3 システムの定義とシステム要求

2.3.1 システム定義

2.1.3 項に示したとおり，コンセプト定義の次に行うのはシステム定義である．これには，システム要求定義プロセス，システムアーキテクチャ定義プロセス，そして設計定義プロセスが関わる．まず，システム要求定義およびシステムアーキテクチャ定義プロセスで機能要求，性能要求，品質特性，制約からなるシステム要求を定義し，アーキテクチャの記述により，機能，入出力フロー，システム要素，物理インタフェース，アーキテクチャ特性などが明らかとなる．そして，設計定義プロセスでは，システムを構成する要素に関する属性が明らかとなり，具体的に実装可能な要素としてシステム構成要素が定義され，これらの要素を統合してシステムとなるところまでの設計が定義される．

この一連のプロセスの中で，測定できる形で，利害関係者へ提供することが期待される価値やシステムとして備えるべき能力，あるいは技術的な性能指標を明確にすることが重要である．すでに 2.1.3 項で述べたとおり，これらは MOE, MOP, TPM と呼ばれ，上述のコンセプト定義，システム定義を進める中で，システム分析プロセスにより反復的にトレードオフが行われる．そこでは，シミュレーションやテストでこれらの指標をどこまで達成できるのかを評価し，基準値を確定していかなければならない．この次の段階として，実装プロセスでは規定したシステム要素を実現し，統合プロセスでその実現されたシステム要素を統合して，定義されたシステム要求，システムアーキテクチャおよび設計に合致するシステムを実現する必要があり，ここに至るまでに，TPM が目標に到達していることが望ましい．

2.1.2 項に述べたとおりプロジェクトアセスメントおよび統制プロセスで，これらのプロセスを進めていくことになるが，容易に進められるものではない．その理由は，構成要素レベルでの TPM 達成度をモニタリングしていてもシステムレベルでの TPM 達成度を予測することは難しく，システム要素を統合しシステムの検証を行うことで TPM 達成度を知ることになるからである．この困難を克服するためには，システム要素レベルの TPM とシステムレベルの TPM の関係性を明確にしておくことが求められる．さもなければ，実装プロセスで実現されたシステム要素を統合してシステム全体としてのTPMを測定して，TPMが目標値に達成していなければ，システム要素の特性を調整するといったいわゆる“摺り合わせ”の繰り返しが必要となる事態に陥る．システムレベルでのTPMを達成できないという結果に陥らないようにするためには，システム要求定義とシステムアーキテクチャ定義をもとにした，個々のシステム要素とシステム間のTPMの関係性を明らかにしておく必要がある．これにはライフサイクル全体に渡るシステムおよびシステム要素の構成を管理する構成管理プロセスが関与する．構成管理プロセスの詳細は2.6節で述べる．

2.3.2 システム要求定義

(1) システムアーキテクチャ定義との反復

システム要求には，機能要求，性能要求，品質特性，制約がある．これらのシステム要求を定義し規定するためには，コンセプト定義の際に導かれた利害関係者ニーズおよび要求に基づく必要がある．システムに求められていることを理解し，どのような環境や条件下で外部からの入力を受けてシステムが何をする必要があるのかを考えることにより，機能要求を把握することができる．さらにこの機能要求は段階的に分解され，システム要素への機能要求の割り当てと，機能への入力と出力が関係する性能要求を段階的に定義していく必要がある．この活動はシステムアーキテクチャ定義プロセスと同時並行的あるいは反復的に行われ，ライフサイクルコンセプトに基づきライフサイクルステージごとにシステム要求が定義できる．

システムアーキテクチャ定義プロセスでは論理的または物理的なシステム要素への機能の割り当てを行い，下位のシステム要素に対する要求定義に関与しはじめることになる．このようにシステム要求定義プロセスとシステムアーキテクチャ定義プロセスでは，下位のシステム要素との再帰的な要求定義のやりとりを行うことができる．上位のシステムレベルのシステムズエンジニアが，下位のシステム要素側のエンジニアまたはシステムズエンジニアとアーキテクチャ定義に基づきコミュニケーションをとることができ，再帰的な繰り返しが実現できる．

ここで，簡単な事例を用いて，システム要求定義とシステムアーキテクチャ定義との間でどのような形で要求の詳細化を進めるかを示す．ここでは，FFBD (Functional Flow Block Diagram) の記述方法をもとに，SEH 4th Ed.

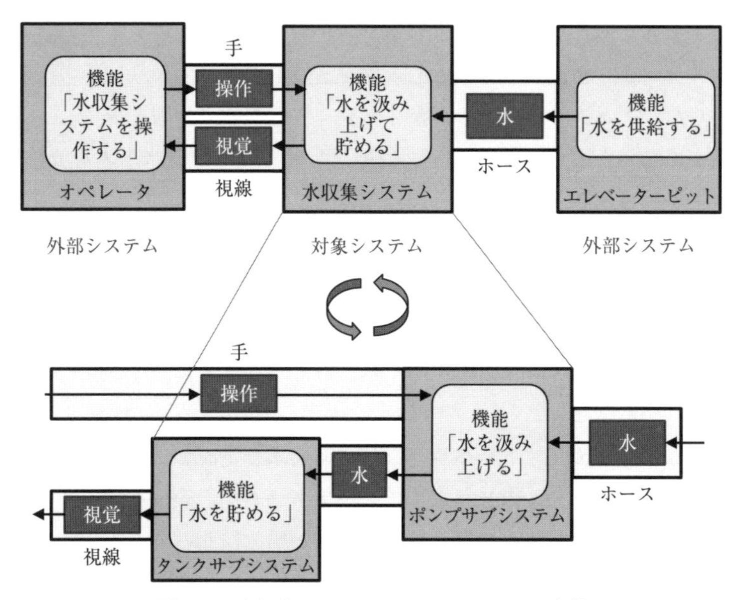

図 **2.2** 水収集システムのアーキテクチャ定義

P.69 の表記を用いてシステムの機能フロー図を表す．ビル内に設置されたエレベーターの地下部分にあるピットに水が入ってしまったため，エレベーターピットから水を速やかに排出したい場合に必要なシステムを考えたとする．このとき，水を汲み上げ，そのまま地面に流さずに何らかの形で水を貯めようと考え，図 2.2 上図のような水収集システムを記述したとする．これは水収集システムのコンテキストを表すものであり，外部システムとして，オペレータとエレベーターピットを定義している．オペレータは水収集システムからの視覚の情報に基づき水収集システムを操作し，エレベーターピットから共有される水を汲み上げて貯めることとしている．

図 2.2 の上図をもとにして得られるシステム要求としては，「水収集システムは，オペレータの操作によりエレベーターピット内にある水を，ホースを通して汲み上げ，汲み上げた水を貯めること．」と記述できる．コンテキストレベルで水収集システムが何をすれば良いか理解できたので，次に，「水収集システム」がどのような機能をもち，また，何によって構成すると良いかを考え，記述していくこととなる．コンテキストレベルでの外部システムであるオペレータ，エレベーターピットとの関係を維持しながら，水収集システムの内

部について考える．その結果，水収集システムをポンプサブシステムとタンクサブシステムから構成することとし，図 2.2 の下図に示すようにその振る舞いを記述した．タンクサブシステムがオペレータへ視覚の情報を提供し，タンクに余裕があるかどうかをオペレータは確認しポンプサブシステムを操作して，エレベーターピットから水を汲み上げるとしている．

この結果，次のように水収集システムの構成要素の要求が導かれる．

- オペレータの操作によりポンプサブシステムはエレベーターピットから水を汲み上げること．
- タンクサブシステムは汲み上げた水を貯めるとともに，オペレータへ視覚を提供すること．

このようにコンテキストレベルでシステム要求を定義し，さらに対象システムの下位のサブシステムのレベルまでダイアグラムでその振る舞いを記述することにより，対象システムの構成および機能が明確になってくる．また，この上図と下図の間での再帰的な繰り返しを行うには，システムズエンジニアと下位のシステム要素の専門性を有するエンジニアとのやりとりが成立することが重要となる．

システム要求をさらに詳細化するには，性能要求や下位のシステム要素の構成，機能を考える必要がある．その際には，図 2.2 に示した機能の実現可能性を考え，また，その機能に関連する性能を明確にする必要がある．先の事例では，エレベーターピットに貯まった水がどのくらいの量に達したとき，この水をどれだけの時間をかけて汲み上げる必要があるかを明確にしていなかったが，これらの情報をもとに，性能要求を定義し，実現可能なシステム構成を考える必要がある．

図 2.3 は，機能フローとしての表現（上図）と数学の関数の入出力関係（下図）を関連付けて表した図である．性能要求の導出あるいは機能要求の検証を行うためにシミュレーションを用いて分析を行う際に参考となる表現である．機能フロー図のフロー A とフロー B はそれぞれ，関数 (1) の入力 u と出力 y に該当し，機能「送る」が関数 (1) に該当する．また，フロー B とフロー C はそれぞれ，関数 (2) の入力 y と出力 z に該当し，機能「貯める」が関数 (2) に該当する．また，機能「送る」が割り当てられているシステム要素①のもつパラメータ a, b, c, d は関数 (1) で用いられる変数となる．機能「貯める」についても関数 (2) と同様の関係がある．ここでは図的なわかりやすさから，関

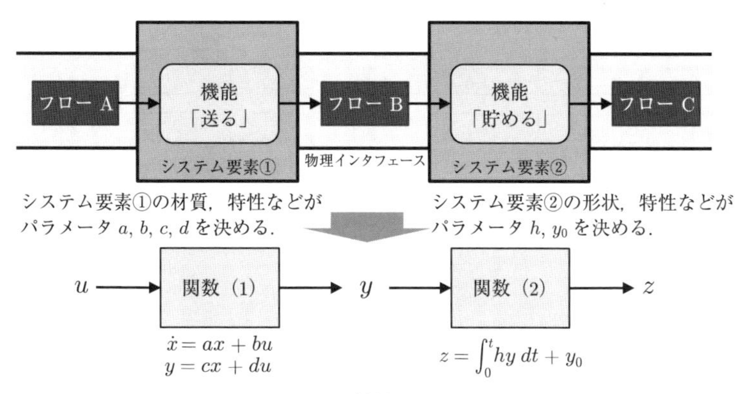

図 **2.3**　システムの機能とパラメータの関係

数の入出力を入出力フローへ直接関係付けていることに注意が必要ではあるが，シミュレーションなどを用いた分析を実施する際には，そこに用いる条件や変数や入出力関係が，対象システムの属性や入出力に関係することになる．なお，図 2.2 および図 2.3 は簡易的な図示にとどまっているが，3.2.2 項で述べるシステムズモデリング言語 SysML を用いることで，より厳格な要求定義に繋げることが可能となる．

(2) システム要求の段階的な詳細化

システム要求は最初の段階から詳細化されたものにはなっていない．最終的にシステム要求仕様書 (System Requirements Specification) の形にするためには，システム要求を段階的に詳細化していく作業が必要であり，また，このことは「要求」に対する極めて重要な「行為」である．詳細化されていない要求は「もとの要求」であり，「もとの要求」が詳細化されて「詳細化された要求」になり，さらに文書として全体をまとめて「システム要求仕様書」となる．

段階的に詳細化する際に注意しなければならないことは，一段一段，論理的に飛びがないように詳細にしていくことである．論理的な飛びがあるとしたら，もとの要求から分解された要求あるいは導出された要求へ，あるいはその逆に分解された要求あるいは導出された要求からもとの要求へ，双方向にトレースをとることができないことになる．トレースがとれるためには，要求が分解された根拠，あるいは導出された根拠を明確にしておくことが求められる．

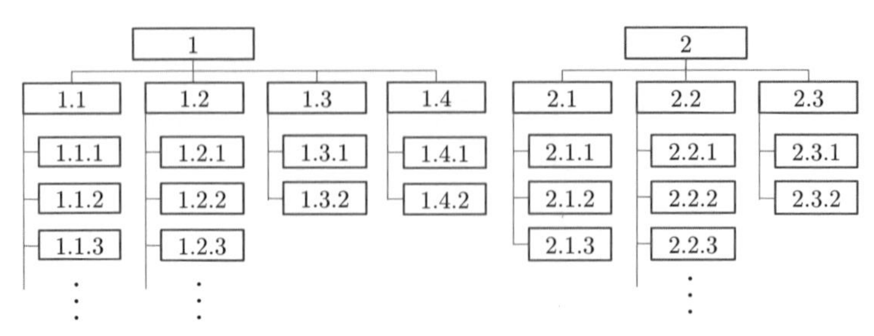

図 **2.4**　要求の構成図

要求の構造的な分解を表す図 2.4 を明らかにすることで，どの要求が他のどの要求と関連するのかがわかるようになる．さらに，このような分解が成立する根拠を残すことがトレーサビリティの確保にはとても重要なことである．したがって，図 2.4 のようなツリー構造を用いた要求の構成図や Excel スプレッドシートを用いて階層的に展開した要求表さえあれば良いということではなく，要求の根拠をわかるようにしておくことが求められる．SysML の場合には，要求図では，要求の分解や導出を表すことができ，さらに導出の根拠となったこと，あるいは充足や詳細化などの関係性などを関連付けて表記することができ，また，ツール上でその関係性が保存される．具体的には 3.2.2 項で述べる．

システム要求定義プロセスによる出力は，ライフサイクルコンセプト，システムコンテキスト，利害関係者ニーズと要求と一貫性をもち，システムアーキテクチャ定義プロセスで規定される実装に左右されないシステム要素に対する要求を含む．また，システムのコンテキストを含めてアーキテクチャとしてこれらの関係性を記述することが重要である．システム分析プロセスを併用することにより，システムが用いられる環境や状況，人を含めた外部システムなどによる制約の中で，システムに期待される主たる機能，性能，そしてそこから導かれる属性が明確となる．法令や規則などの制約から導かれるシステム要求にはその根拠を明確にしておくことが重要である．

システム要求仕様書には，ベースラインとなる完全で正確で曖昧でない一連のシステム要求がまとめられている必要がある．完全で曖昧でない要求にするためには，トレーサビリティのある形で要求に階層性をもたせ，矛盾なく冗長でない形にする必要がある．このため，段階的にシステム要求の詳細化をしていくことが重要であり，その結果として，個々の要求に分解されたシステム要

表 **2.1**　個々の要求とまとめられた要求に求められる特性[A.3]

個々の要求	まとめられた要求
必要であること	完全性
レベルに応じて適切であること	一貫性
曖昧でないこと	実現可能であること
完全であること	包括的であること
唯一であること	妥当であること
実現可能であること	正しいこと
検証可能であること	
正しいこと	
適合すること	

求が定義される．当然ながら要求は実現可能なものでなければならないため，技術的な専門性をもつエンジニアに確認をすることも重要である．要求の詳細化をトップダウンで進めるだけではなく，ボトムアップ的な確認作業を並行して行うことが重要であることに注意されたい．また，これらの個々の要求をまとめられた要求として確認する場合には，そこに矛盾がなくかつ冗長でなく，一貫性のある要求となっていることが求められる．以上の個々の要求およびまとめられた要求に対して，表 2.1 に示される特性が求められる．なお，これらの特性の詳細は SEH 4th Ed. および 5th Ed. を参照されたい[A.1][A.3]．

ISO/IEC/IEEE 29148:2018[S.5]には機能要求の構文の例があり，条件，主語，アクション（述語），目的語，アクションの制約を用いること，受動態ではなく能動態で要求を記述することとしている．例えば，銀行の窓口業務に代わった ATM (Automatic Teller Machine) をシステムとしてその機能要求を表す場合，以下のような表現が考えられる．

- ATM システムは，休止状態で人を感知したとき，1 秒以内に復帰状態に遷移すること．
- ATM システムは，口座をもつ顧客から現金の引き出しの依頼を受けた場合，顧客の引き出し限度額内の範囲で依頼された額の現金を顧客へ提供すること．
- ATM システムは，顧客との取引終了前に，利用明細票が必要か否かを顧客へ確認すること．

- ATM システムは，顧客から利用明細票への口座残高の明記の依頼がある場合，利用明細票に口座残高を印字すること．

要求の表現や用語に関しては，組織として標準が定められている場合があり，ここに挙げた機能要求は事例に過ぎないが，「(条件）どのような場合に，(アクションの制約）何の制約のもとで，(主語）何が，(目的語）何に対して，(アクション（述語)）何をするか」を明確に記述する必要があることに注意されたい．また，これらの機能要求はさらに詳細化されるものであり，個々の要求に分解することが必要になると考えられる．

システム要求を定義する過程では，重要な品質特性や技術的なリスクを明確にし，TPM のような重要な性能を測る指標を定義する．これにより，2.3.1 項で述べた技術的達成度のモニタリングを可能にする．また，システム要求に対して，検証要求の中でその検証方法，基準を定義し，対象システムの検証を実施するための準備をすることは極めて重要である．実際に対象システムの検証をする時期を見定めて，検証プロセスを担当するエンジニアは準備を開始する必要がある．システム要素の実装，統合を経て対象システムの検証ができるようになった時点で，すぐに検証がはじめられることが求められる．これには，SEMP によるプロジェクトマネジメントが重要となり，測定プロセス，リスクマネジメントプロセス，そして意志決定マネジメントプロセスが関係する．こうしたアクティビティとともに，システム要求を管理することは，ライフサイクルに渡るエンジニアリング活動に極めて有効となる．システム要求定義プロセスの後に続くライフサイクルプロセスを通して，ベースラインとなる情報項目，作業成果物，その他の成果物を統制下に置く構成管理プロセス（2.6 節）が求められる．そこでは，主要なシステム要求の決定，根拠，代替案，実現要因を把握し，システム要求のトップダウン，およびボトムアップの双方向からのトレーサビリティの確立と維持が必要であり，これにより変更要求への対応が許容できるようになる．

2.3.3 品質特性

ISO/IEC/IEEE 15288:2023[S.1]では，システム要求の中の「品質特性」は，「ある要求に関連する製品，サービス，プロセスまたはシステムの固有の特性」と定義されている．

利害関係者がシステムに関して関心事や懸念をもっていることをシステムズエンジニアあるいはアーキテクトが捉えるには，そのためのビューポイントが必要であり，これが品質特性となることが多い．例えば，ラップトップ PC を対象システムとする場合に，利害関係者であるユーザーが，膝上に置いて作業をしているときに，膝に低温やけどを負ってしまうのは困るという懸念をもつ場合，このことを捉えるビューポイントは安全性（熱設計が関係する）という品質特性となる．また，ラップトップ PC が故障した際にすぐに修理が完了することにユーザーの関心がある場合，そのビューポイントは保守性（信頼性と可用性も関与する）となる．PC を生産する部署の利害関係者が PC の生産に関する懸念をもつならば，生産可能性として捉えることができる．

このように品質特性はさまざまなライフサイクルに関係し，コンセプト定義，システム定義の段階から品質特性を捉え，これを機能要求，性能要求，制約へ変換していく必要がある．そして，ライフサイクルを通じて，利害関係者のもつ関心事や懸念へ対処していく必要がある．対象のシステムがライフサイクルでのさまざまな環境や状況の中でそれぞれの品質を維持できるようにすることが求められる．なお，製品の安全性に関しては，3.3 節で記述モデルを用いた HAZOP 分析の事例を紹介する．

品質特性に対応するアプローチとしては，コスト妥当性分析，相互運用性分析，ロジスティクスエンジニアリング，生産可能性分析，信頼性エンジニアリング，可用性エンジニアリング，保守性エンジニアリング，レジリエンスエンジニアリング，持続可能性エンジニアリングなどがある．これらのアプローチは必ずしも単一の品質特性に限定されるものではなく，いくつかの品質特性に対処するものとなっている．例えば，持続可能性エンジニアリングの場合は，廃棄，環境へのインパクト，持続可能性などを対象とし，また，システムセキュリティエンジニアリングは，サイバーセキュリティ，情報保証，物理的セキュリティ，信頼性 (trustworthiness) などを対象とする[A.3]．くわしくは SEH 5th Ed. TABLE 3.1 (P.161) を参照されたい．

なお，品質特性を表す用語（英語）は，ility で終わる単語が多い．safety および security は ility で終わる単語ではないが，これらも含め非公式ではあるものの総称して「-ilities」と呼ばれることがある．

2.4 さまざまなプロセスに用いる検証と妥当性確認

2.4.1 検証と妥当性確認の役割 [A.1][A.3]

検証は，成果物や実体が正しくつくられたことを保証するものであり，一方で妥当性確認は，正しい成果物や実体がつくられる，あるいはつくられたことを保証するものである．すでに2.1.3項で述べたとおり，検証プロセスと妥当性確認プロセスはともに，最終成果物としてできあがったシステムまたはシステム要素のみを対象とするプロセスではない．対象システムの開発の早い段階から，中間成果物に対する検証と妥当性確認を行うことは極めて重要なことである．技術プロセスの多数のプロセスの中で，検証あるいは妥当性確認をする対象のアイテムを，参照先と照合して検証あるいは妥当性確認を行うことになる．検証と妥当性確認は，初期の段階である利害関係者ニーズおよび要求定義プロセスからはじまり，システム要素ができた段階および検証されたシステム要素を統合したシステムができた段階まで，ライフサイクル全体に渡って重要な役割を担う．

最終的には，利害関係者ニーズおよび要求定義プロセスで定められた運用シナリオでの対象システムの検証および妥当性確認を経て，完成したシステムが適格であることが要求される．システム要求を満たすことを検証し，利害関係者要求を満たすことの妥当性確認を実証することが求められ，これにより，完成した対象システムを取得者（ユーザーあるいは発注側）が受け入れることになる．取得者が受け入れた後に運用上で許容可能なレベルまでシステムの不具合が発生することがないようにすることが重要であり，こうしたリスクを低減するために早い段階からの検証／妥当性確認が必要となる．

(1) 4つの方法

検証／妥当性確認を行う際には，検証／妥当性確認を行うアイテムを参照するべき期待される結果と比較することになる．また，検証／妥当性確認には次のとおり4つの方法，検査 (inspection)，分析 (analysis)，実証 (demonstration)，テスト (test) がある．

検査：通常，人の五感（視覚，聴覚，嗅覚，触覚，味覚）を用いるか，簡易な機械的または電気的測定を用いる．

分析：理論的な適合性を示すために，定義された条件下での数学または統計に基づく分析，モデリングまたはシミュレーションを用いる．

実証：計測器や試験装置を用いずに，最小限の装置を用いて，対象のシステムが機能しているか，また定性的に性能が満たされているかを測る．ユーザーやオペレータがシステムを使う際に機能を発揮できていることを観察する．

テスト：現実または模擬され管理された条件下で定量的にシステムの操作性，または性能などを測定する．テストのために特別な装置や計測器を使用する．

なお，検証要求では，これら4つの手法を指定する必要があり，複数の手法で検証する必要がある場合は，別々に定義する必要がある[A.1][A.3][N.1]．

2.4.2 2元V字モデルとの関係

1.1.2項に示した2元V字モデル（図2.5に示すシステムレベルのエンティティVと図2.6に示す2元V字モデル）の中で，検証と妥当性確認がどのような関係性をもつかを示す．

システムレベルでシステム要求を定義する際には，定義された利害関係者要求をもとにしてこれをシステム要求へ変換する．この変換を正しく行うためには，まず利害関係者要求の検証と妥当性確認をしておく必要がある．利害関係者要求を検証する際には，そのもととなる利害関係者ニーズを参照し，利害関係者から受け入れたニーズが正しく要求に変換されていることを検証する．そして，正確に捉えた利害関係者ニーズをもとにして導いた利害関係者要求が正しい要求になっていることの妥当性を確認する．この要求は1つ以上のシステム要求に変換できることが求められる（図2.5の①に示す部分）．

システム要求が定義されると，それが，変換元または派生元である利害関係者要求，または親となる要求を正しく変換した記述になっているかどうかを検証する．システム要求の妥当性確認では，システム要求が利害関係者ニーズおよび要求を明確に伝えるものであり，かつ技術用語で表現されていることにより，正しい要求になっていることが確認できる（図2.5の②に示す部分）．このあとのプロセスを進める上で，システム要求はシステムアーキテクチャと設計に変換できるものになっていることが求められる．システム要求の中にある

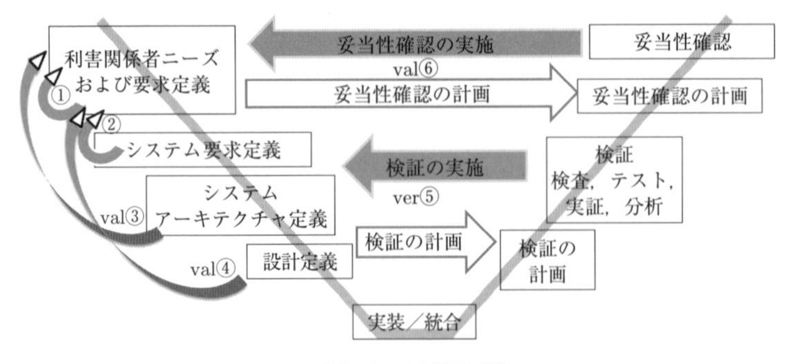

図 **2.5**　システムレベルのエンティティ **V** での検証と妥当性確認（**ver**：検証，**val**：妥当性確認）

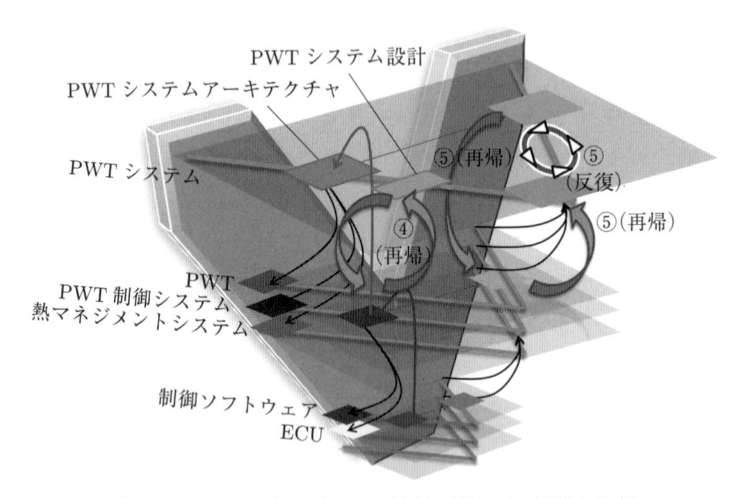

図 **2.6**　**2** 元 **V** 字モデルでの検証に際しての反復と再帰

個々の要求およびまとめられた要求の妥当性確認がとれていることにより，後続のプロセスの中での手戻りを減らすことが可能となる．

システムアーキテクチャ定義プロセスはシステム要求定義プロセスと並行して実施されることが多い．定義されたシステムアーキテクチャの検証では，次の設計定義プロセスでアーキテクチャに基づいて設計された対象システムが検証に合格することを求める．これにより，アーキテクチャ定義と設計定義間の手戻りを防ぐ効果が期待できる．これを実現するには，組織のガイドラインに沿って，正しい技術や手法を用いてシステムアーキテクチャ定義が行われていることを検証することが極めて重要となる．その上でシステムアーキテクチャの妥当性確認では，利害関係者ニーズおよび要求を満たして設計定義を進めることが可能な正しいアーキテクチャが定義されていることの妥当性を確認する（図2.5のval③に示す部分）．次の設計定義プロセスでは，システム要素が（それぞれのアーキテクチャに基づき）個々にその設計が具体化されていくことになるため，システムのアーキテクチャ定義が正しくないまま，設計定義プロセスへ進むことは大きな手戻りを生むことになり，これは極力避けなければならない．

対象システムの設計とそれに関連する設計特性が，システム要求を満たしていることを検証した上で，それが許容できる範囲の信頼度をもつシステムとなるかどうかを検証する．対象システムが正しく実現されることに繋がる必要があるため，この検証を行うに際しては，ハードウェア，ソフトウェアなどの関連技術が組織のガイドラインに沿って正しく用いられていることの検証が求められる（図2.6の④（再帰）に示す部分）．この検証の後の妥当性確認では，利害関係者ニーズおよび要求で定義された意図されたユーザーが操作する運用環境の中で，意図された目的を満たす対象システムの設計がなされていることの妥当性を確認する（図2.5のval④に示す部分）．

対象のシステムを構築するにはシステム要素を統合する必要があるが，統合する前にシステム要素がシステム要素の要求および設計特性を満たしていることを検証しておくことが求められる．また，場合によってはシステム要素のレベルで運用される環境で利害関係者ニーズおよび要求を満たすことの妥当性を確認することが求められる．これらの準備のもとで，統合されたシステムを検証する際には，システムが，許容できる範囲の信頼度をもって，そのシステム要求および設計特性を満たしていることを検証する（図2.5のver⑤に示す部分）．妥当性確認では，統合された対象システムが，意図されたユーザーによって運用される環境で意図された目的を満たすことの妥当性を確認する（図2.5のval⑥に示す部分）．

統合プロセス，検証プロセスでは，図2.6に示すとおり，システムレベルでの⑤（反復）だけではなく，システムレベルと下位のシステム要素のレベルとの間での再帰（⑤）が行われる．このような繰り返しの作業には少なからずコストと時間を要する可能性があり，この過程でのいわゆる摺り合わせはできる限り避ける必要がある．場合によっては，システム要素の設計定義プロセス，システムアーキテクチャ定義プロセス，システム要求定義プロセスにまで反復と再帰がおよぶ可能性も否定はできず，この場合にはプロジェクトの失敗に繋がる．これを防ぐため，早い段階での検証と妥当性確認を行うことが求められる．

2.4.3 早い段階での検証／妥当性確認の効果 [A.3]

システムまたはシステム要素の設計に際してのシミュレーションの利用により，システムまたはシステム要素の実装前よりも早い段階で検証／妥当性確認を実施できる．これにより，メカやエレキなどの物理的なハードウェアおよび／またはソフトウェアの実装後に統合し，検証し，妥当性確認を行う段階になって問題や異常が発見されることが減らせる．この結果，大きなコストおよび時間を要する手戻りを減らすことができる．また，プロジェクトの初期段階でモデリングとシミュレーションを行った結果を用いて，対象システムの最終的な姿を仮想的な形式で取得者やユーザー／オペレータへ提示し，早い段階でフィードバックを受けることができようになるというメリットがある．

モデリングとシミュレーションの活用に際して注意するべき点は，通常の利用状況とは異なるケース，ユーザーによるミスユースや，環境からの入力に変化が生じる状況などを探索し，そこへの対策を検討しようとすることである．このためには，早い段階で想定できるユーザーやオペレータの意見を聞き，どのような環境下で，あるいはリスクのある中でシステムを運用しようとしているのかを把握する必要がある．開発や設計を行うエンジニアのマインドセットや過去に成功した経験のみに基づく想定，あるいは経営側の判断に基づく利益を優先した想定に基づくシミュレーションを実施した結果をそのまま受け入れることは，現実の状況との乖離がある可能性があることを十分に認識しておくことが重要である．

十分に考えられたコンテキストの中で対象のシステムがその目的を果たすことを確実に理解すること．これはシステム思考の心得であり，システムズエンジニアリングのアプローチに欠かせない思考である．この早い段階から，システムに対する妥当性確認の計画を行うことが肝要となる．これにより，妥当性確認に関わるコストの見積もりとスケジュールの予定を確定でき，この結果として，妥当性確認を計画どおりに実施することが可能となる．対象システムの利用状況や外部システムとの関係性に見落としがないか，1.1.1 項で述べた

SOTIF[S.2]では，まさにこの見落としがあとになって発見されるようなことがないようにするための考え方を示している．この思考により，開発の手戻りによるコストオーバーランまたは納期の遅延などのプロジェクトの失敗を避けることができる．システムコンテキストの十分な検討に基づき妥当性確認を確実に実施することにより，リスクを低減する，または避けることができる．

2.5 プロジェクトの中でのリスクマネジメントと品質保証

2.1.2 項の技術マネジメントプロセスで述べたとおり，プロジェクト計画プロセスでは，対象のシステムをライフサイクルに渡って成功裏に実現するプロジェクトを実施する上での計画を策定する．プロジェクトマネジメント計画によるプロジェクト全体のマネジメント計画の中で，技術の側面での管理を行う．特に，SEMP はプロジェクトで何をどのように，いつ誰がどこで行う必要があるかを提供するため，プロジェクトの初期の段階で準備する．SEMP の策定にあたっては，システム要求定義，システムアーキテクチャ定義と関連して決まる機能分解構造 (FBS) と製品分解構造 (PBS) をもとに，作業分解構造 (WBS) を導く．

この計画を策定するにあたっては，どれだけのリスクが存在するのかをアセスメントしておかなければならない．このため，プロジェクトの進捗およびプロジェクトでつくりあげようとする対象システムの進捗を評価するために，測定できる指標を定める．プロジェクトの目的を達成するために必要なリソースおよびプロセスを策定し，これらに対して指標を設ける．プロジェクトの計画段階では，組織のプロジェクトを有効にするプロセスの中に含まれるインフラストラクチャマネジメントプロセスおよび人的資源マネジメントプロセスにより，設備，装置，人員，サービスなどのリソースを準備する．

プロジェクトの中で実施されるプロセスに関しては，開発コスト，開発期間，プロセス品質の 3 つの指標がある．これらの指標をもとにプロジェクトを管理することにより，そのプロセスがリスクをもたらす可能性があるか否かを検討することができる．プロジェクトの中で対象システムの品質，そしてプロセスの品質を保証するため，品質保証プロセスでは，対象システムが確実に要求を満たすこと，プロセスが一貫性をもって正確に実施されていることをそれぞれ独立してアセスメントする．品質保証は品質管理 (Quality Management) の一つの方法であり，組織のプロジェクトを有効にするプロセスの一つである品質管理プロセスでは，プロジェクトの品質管理をする組織としての能力に焦点が当てられている．

2.1.3 項の技術プロセスで触れたとおり，対象システムに対する指標として MOE，MOP，TPM がある．効果指標 MOE は，顧客やユーザーのビューポイントから，ライフサイクル全体で何をもって効果があるとするかを示す指標で，例えば，ミッションとしての性能，安全性，運用性，運用可用性などが挙げられる．性能指標 MOP は MOE を満たすためにシステムとして必要とする性能に関する指標で，これをもとに運用上の目標を達成する上で重要なシステムの属性を測定する．さらに技術性能指標 TPM は，MOP で示される達成すべき性能からシステムまたはその構成要素に要求される技術性能を評価する指標である．ただし，TPM はシステムまたはシステム要素の要求のすべてを網羅するものではなく，達成されなかった場合にプロジェクトに大きな影響を与える重要な技術性能に限定される[A.1]．

プロジェクトの進捗に合わせて，対象システムの TPM の目標を計画しておき，最終的に納入時期までに最終の目標を達成するように技術的なマネジメントをすることがシステムズエンジニアには求められる．ただし，対象システムの下位にある複数のシステム要素に関しても，そのレベルのシステムズエンジニアにより TPM を用いた技術マネジメントがなされている．それらのシステム要素を統合した対象システムが TPM を満たすかどうかの進捗を管理することが，対象システムのシステムズエンジニアには求められる．TPM に基づき測定を実行して得られた結果を分析することにより，そこに存在する技術的なリスクをマネジメントすることが求められる．図 2.7 にはシステムズエンジニアが，対象とするシステムの TPM のマネジメントをするに際して，システム要素 A～C のそれぞれがもつ技術性能指標 A-TPM, B-TPM, C-TPM との間で再帰的なやりとりを行うことを示している．当然ながら，システム要素側の TPM の進捗が遅れるとシステムの TPM の進捗に影響がある．TPM に基づきマネジメントを確実に行うためには，システムズエンジニアが行うシステム要求定義，システムアーキテクチャ定義および設計定義に基づき TPM 間の関係性を正確に把握していることが求められる．ただし，システムの複雑性が増すと，外部の環境，外部システムおよび対象システムのシステム要素間で創発

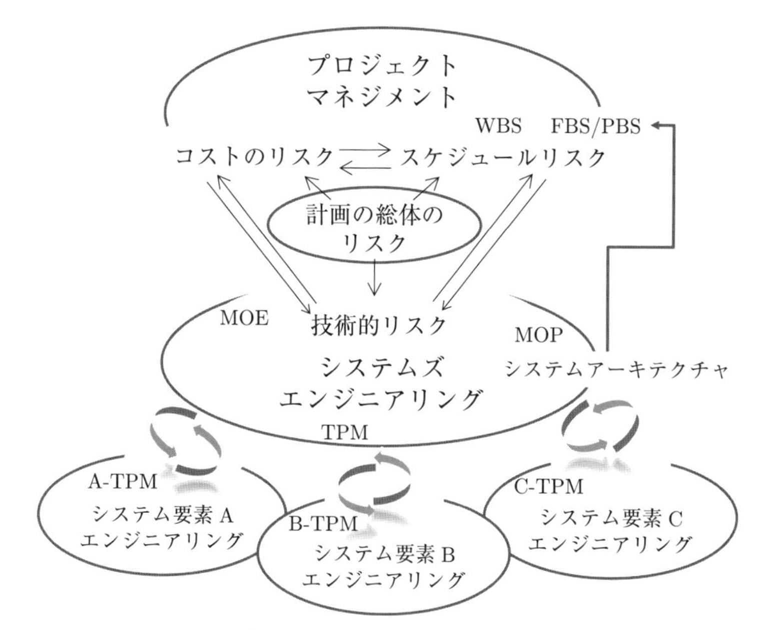

図 **2.7**　プロジェクトの中でのリスクマネジメント

的な振る舞いを起こしてしまう可能性もあるため，このような事象をできるだけ早く把握しておくことが求められる．

技術的なリスクマネジメントを行うためには，技術的なリスクを分析し，これをプロファイルとしてまとめ，リスクのステータスを定義して，リスクを監視できるようにすることが求められる．定義したステータスに応じて，技術的リスクのアセスメントを行うことでその統制に活かすことが可能となる．

リスクには技術的リスク以外に，コスト，スケジュールおよび計画の総体 (programmatic) のリスクがあり，これらは相互に関係をもつ．技術的なリスクはコストおよびスケジュールにリスクを生じさせることとなるため，主として技術的な観点での責任を負っているシステムズエンジニアは，プロジェクトマネジャーとのコミュニケーションにより，コストとスケジュールを計画どおりに進められるように，技術的な問題が発生しないようにすることが求められる．一方で，プロジェクトマネジャーが指示するコストやスケジュールのリスクは技術的なリスクを高めることとなるため，システムズエンジニアとのコミュニケーションにより，コストやスケジュールの問題が発生しないようにすることが求められる．図 2.7 の上部に示されているとおり，プロジェクトマネジャーはWBSに基づきプロジェクト全体のコストおよびスケジュール管理を行うが，技術的な責任はシステムズエンジニアが担うこと，WBSを決めるもとになるものがシステム要求とシステムアーキテクチャであることに注意しておく必要がある．

この文脈からわかることは，システムを開発するためにWBSを用いてプロジェクトマネジメントを開始するためには，WBSを決めるために対象システムのシステム要求定義とシステムアーキテクチャ定義のベースラインを決めておく必要があるということである．プロジェクトマネジメントの中にこの段階のプロセスを含めたシステムズエンジニアリングを内包させる必要があり，プロジェクトマネジャーはプロジェクト全体のコスト，スケジュールの計画を開始する段階から，技術的なリードをするシステムズエンジニアとコミュニケーションをとる必要がある[A.1][A.3]．プロジェクトマネジャーとシステムズエンジニアの役割は，SEH 5th Ed. 2.3.4.2 Project Assessment and Control Process (P.75–78) に記載されているので参照されたい．また，2.3.2項で触れたとおり，構成管理プロセスはシステム要求をベースラインとして統制下に置くことで，変更要求などへ対応することができる．特に，組織として図1.5に示すようなDevOpsに取り組む場合には，運用環境中にソフトウェアシステムのアップデートが行われ，それに伴う変更管理が必要となるため，構成管理プロセスの関与が重要になる．

2.6 構成管理プロセスに基づく変更管理

2.6.1 構成管理プロセス

技術マネジメントプロセスに分類される構成管理プロセスは，次に示す多くの標準規格内で重要事項として扱われており，エンジニアリング活動を効果的かつ効率的に実践するために必要不可欠なプロセスである．

- ISO 9001：2015[S.9]　品質マネジメントシステム
- IATF 16949：2016[S.10]　ISO 9001+ 自動車産業特有要求事項
- ISO 26262：2018[S.11]　自動車機能安全
- ISO/SAE 21434：2021[S.12]　自動車サイバーセキュリティエンジニアリング
- ISO 21448：2022[S.2]　自動車の意図した機能の安全性

- ISO 24089：2023[S.13]　自動車ソフトウェアアップデート

システムを企画，開発，生産，運用して最終的に廃棄するまで，それぞれのライフサイクルステージでシステムに求められる機能性を維持し続けるためには，システムがどのような要素で構成されているかを把握して統制下に置き，システムを構成する要素（構成要素）への変更要求に適宜対処する必要がある．この対処を適切に行うためには，統制下に置かれたシステムの構成要素をシステムライフサイクル全体に渡って管理および統制する必要がある．構成の管理および統制とは，定義された構成管理プロセスに従い，変更の承認がなされたシステムの構成要素のみの変更を可能とし，未承認の変更が構成要素としてシステムに組み込まれることを防止して，システムの構成要素の完整性が確保された状態に維持することである．構成管理プロセスに基づく活動は，システム開発の最終成果物あるいは各開発工程での中間成果物に対して適用される．

システムの開発ステージでは次に示すような問題が開発現場で大なり小なり起きている．これらの問題が起因となり，利害関係者要求を満たせなくなるなどして開発活動に影響を及ぼし，システム開発の QCD 目標が未達となることも少なくない．

- 開発活動の各工程で作成された作業成果物を個人パソコンに格納していたが誤って削除してしまった
- 別製品のシステム要求仕様書を取引先に提示してしまった
- 古いテンプレートを用いて開発の作業成果物を作成してしまった
- 担当者の判断で社内外の変更要求をシステム要求仕様書に反映してしまった
- 明確なルールがない中で同一の作業成果物を複数人で同時に変更したものの，反映したはずの修正が反映されていなかった
- 作業成果物のベースラインを不明確な状態にしたまま開発作業を進めてしまった
- 古いシステムテスト仕様書を用いてテストをしてしまった
- 派生開発に必要なベースラインとなる作業成果物が揃わなかった
- 市場不具合を再現するための準備に多大な時間を要してしまった

ここに挙げた問題中にある「ベースライン」とは，開発活動の起点となる基準点であり，そこからはじまる開発工程の作業成果物に適用される．ベースラ

インは，次の工程に移行するための正式なマイルストーンおよび意思決定ゲートで，作業成果物に要求される品質が確保されていることを確認して決定される．作業成果物に要求される品質は，関連する作業成果物間で一貫性が確保され，作業成果物が完成された状態であることを含む．次の工程に移行するマイルストーンおよび意思決定ゲートでベースラインが逐次更新されるのに伴い，どのベースラインでの作業成果物であるかを一意に識別するためのバージョン付与も必要となる．作業成果物のバージョン管理を適切に実施するためには，各作業成果物にバージョンを付与するための規則が必要である．バージョン付与規則の一例としては，メジャー変更とマイナー変更がバージョンナンバーから識別できるようにする方法がある．

開発現場で生じる前述の問題は開発活動の手戻りといった無駄に繋がるだけでなく，システム開発の発注者などから信頼を損なうことになり，さらには想定外のコストが発生するといったリスクを抱えることになる．例えば，「別製品のシステム要求仕様書を取引先に提示してしまった」について考えてみる．この場合，結果として利害関係者ニーズまたは要求とは異なるシステムを開発してしまい，妥当性確認で利害関係者から不適合を突き付けられることになる．このようなプロセス品質の不備による大きな手戻りの発生は，システムの開発期間と開発コストの大幅な超過をまねくことになる．また，異なるシステム要求仕様書を社外の取引先に提示することは機密情報の漏洩であり，情報セキュリティの側面から会社は大きな痛手を負うこととなる．メディアのニュースなどで機密情報の漏洩が取り上げられれば，企業としての社会的な信頼をも失墜することになる．このようなさまざまな問題の発生を抑制するためには，適切な構成管理プロセスの実施が求められる．

ISO/IEC/IEEE 15288:2015[S.14]には，構成管理プロセスの目的と成果が次のように示されている．

目的：構成管理は，ライフサイクルに渡ってシステム要素と構成を管理および統制することを目的とする．また，構成管理は，製品とそれに関連する構成定義との一貫性を管理する．

成果：構成管理プロセスの実施に成功すると次の状態になる．

a)　構成管理をすることが要求される品目（構成品目）が識別され管理されている．

b)　構成のベースラインが確立されている．

c)　構成管理下の構成品目の変更が統制されている．

d)　構成状態情報が利用可能になっている．

e)　要求される構成監査が完了されている．

f)　システムのリリースおよび納入が管理され承認されている．

ここで，構成品目とは，システムを構成する要素として管理および統制の対象となる項目である．構成品目には，社外の利害関係者（発注者など）および社内の利害関係者（開発担当者など）によって利用される作業成果物（サブシステム，ライブラリ，要求，テストケースなど）とツール（コンパイラ，シミュレータなど）が含まれる．

構成管理プロセスを実施することにより，システムの構成要素（構成品目）および，構成品目間の関係が特定され，定義された各々のマイルストーンにて「構成品目の素性」と「構成品目と構成品目との間の一貫性」が管理され，維持され，次の作業のためのベースライン（基準点）が提供される．ISO/IEC/IEEE 15288:2015 の構成管理プロセスのアクティビティは，表 2.2 に示すように「構成管理の計画」「構成の特定の実行」「構成変更管理の実行」「構成状態の報告の実行」「構成評価の実行」「リリース統制の実行」の 6 項目からなる．これら 6 項目の内容を以下に詳説する．

・構成管理の計画

構成管理戦略には，構成品目として扱う基準，構成品目の命名規則，バージョン付与規則，構成品目の統合および分岐の方法，適用するツールなどが含まれる．この戦略には組織とプロジェクトの共通の戦略もあれば，プロジェクト単独の戦略もある．構成品目の統合および分岐は主にプロダクトライン開発または派生開発で必要となるが，統合および分岐でのミスは不具合に直結する重要な事項となるため，実施方法の決定は慎重に行う必要がある．また，構成管理と密接な関係をもつ変更管理についても構成管理計画に含むまたは関連させることで，双方を一貫した管理として実現する．

・構成の特定の実行

構成管理計画に従って構成品目を特定して文書化し，計画したマイルストーンおよび意思決定ゲートのタイミングで構成品目のベースラインを決定する．この決定は構成品目を授受する 2 者間での合意を含む．

表 2.2　構成管理プロセスのアクティビティ

名称	内容	作業成果物
構成管理の計画	・構成管理に関する役割と責任の定義 ・構成管理戦略の作成 ・変更要求の評価，承認，検証，妥当性確認からなる管理の立案	構成管理戦略
構成の特定の実行	・構成管理下に置く構成品目（システム要素，情報項目など）の特定 ・適切なマイルストーンでの構成品目ベースラインの確立	構成品目ベースライン
構成変更管理の実行	・システムライフサイクル全体でのベースライン変更の管理 ・構成品目の変更の特定，レビュー，承認，追跡，処理	構成品目ベースライン
構成状態の報告の実行	・構成管理文書の作成と保守 ・構成品目の状態を関係者へ伝達	構成管理の報告
構成評価の実行	・マイルストーンおよび意思決定ゲートでの構成品目の監査（ベースラインの妥当性確保）	構成管理の記録
リリース統制の実行	・構成品目の変更のクローズ ・構成品目のリリース	構成管理の記録

出典）SEH 4th Ed.[A.1] 5.5.1.2 および 5.5.1.4 をもとに編集

・構成変更管理の実行

構成管理および変更管理の確実な実行をとおして，システムのライフサイクル全体に渡るベースラインの変更（変更の特定／レビュー／承認／追跡／処理）を統制下に置く．

・構成状態の報告の実行

構成管理および変更管理の実行による構成品目の状態および実施した結果を文書化し，関係者に伝達する．構成品目の状態には，変更作業前，変更作業中，変更済，検証済，リリース済などがある．実施した結果には，問題と変更の概要および監査結果などが含まれる．

・構成評価の実行

計画したマイルストーンおよび意思決定ゲートのタイミングで，対象となる構成品目の構成監査を実行し，ベースラインの妥当性を確認する．構成品目の構成監査には，物理構成監査と機能構成監査の２つの監査がある．

物理構成監査は，製品を構成する構成品目の物理特性が適切であり，インフラストラクチャが正しく構築されているか（実装されている機能の数，機能の配置，構成品目のバージョン，端子ピン，寸法，重量，色彩，素材などが意図どおりであるか，構成品目を識別する仕組みがあるか）を検証する監査である．一方，機能構成監査は，構成品目の内容が機能的に正しく，製品が期待どおりに動作しているか（システム要求が正しく実装され，システムの構成要素の機能および性能，ならびに構成要素間の相互作用が意図どおりであるか）を検証する監査である．これらの構成監査を適用することで，構成品目のベースラインが完全であることが確認され，ベースラインの一貫性が確保される．

・リリース統制の実行

構成品目に対する変更要求の受理を完了して，決定した構成品目のベースラインをリリースする．リリース後も構成品目とベースラインの完整性と利用可能性が利用者のために維持される．

2.6.2 構成管理プロセスの活用

ハードウェアとソフトウェアから構成されるシステムを構成管理の統制下に置く事例にて，構成管理プロセスを活用するケースを示す．システム開発とその下層にあるハードウェア開発，ソフトウェア開発のエンティティＶを図2.8に示す．システム開発レベルでは，エンティティＶ左側には，システム要求仕様書を作業成果物として作成する「要求定義の工程」とシステム設計仕様書を作業成果物として作成する「アーキテクチャ定義と設計定義の工程」がある．また，Ｖ字右側には，システム統合テスト仕様書を作業成果物として作成する「統合および検証の工程」ならびにシステムテスト仕様書を作業成果物

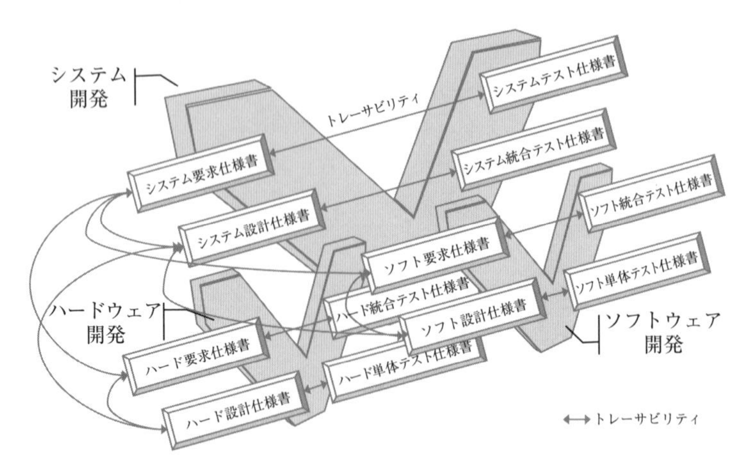

図 **2.8**　各開発レベルで作成される作業成果物とトレーサビリティの例

として作成する「検証および妥当性確認の工程」がある．システム開発レベルの下層にあるハードウェア開発レベルとソフトウェア開発レベルそれぞれ，V字左側には，ハードウェア／ソフトウェア要求仕様書を作業成果物として作成する「要求定義の工程」と，ハードウェア／ソフトウェア設計仕様書を作業成果物として作成する「アーキテクチャ定義と設計定義の工程」がある．また，V字右側には，ハードウェア／ソフトウェア単体テスト仕様書を作業成果物として作成する「検証の工程」ならびにハードウェア／ソフトウェア統合テスト仕様書を作業成果物として作成する「統合および検証の工程」がある．

図2.8に示した各開発レベルで作成される作業成果物（構成品目）と各構成品目間のトレーサビリティが確立され，構成品目に要求される品質が確保されていることを前提に，定義されたマイルストーンおよび意思決定ゲートごとにベースラインが決定される．図2.9には，開発の進展に応じたマイルストーンおよび意思決定ゲートが設定され，各々のタイミングでベースラインが決定されることを示している．開発の開始時には開発開始ベースラインが，中間時には開発中間ベースラインが，そして終了時には開発終了ベースラインが決定される．開発終了ベースラインは次の製品のための開発開始ベースラインとなる．図2.9の開発中間ベースラインでは，開発工程の構成品目が構成管理の統制下に置かれ，各作業成果物（構成品目）が開発の進展に伴い更新されることとなる．

変更要求には，問題解決（是正処置）のための変更，機能および非機能要求

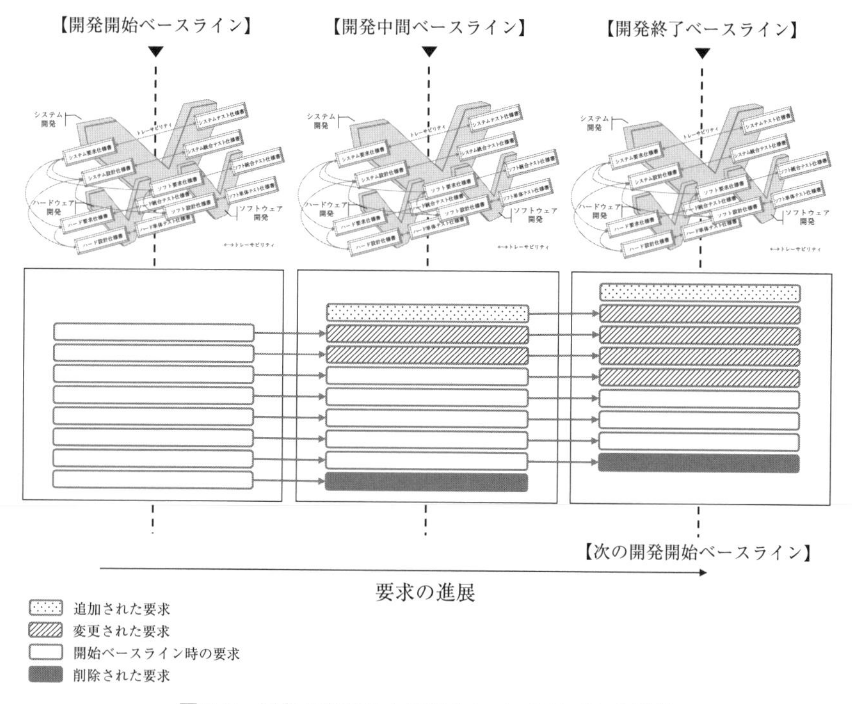

図 **2.9**　開発の進展による要求とベースラインの推移

の変更／追加／削除が含まれる．図 2.9 に示すように，初期段階の構成品目のベースラインは，開発期間中に承認された要求の追加／変更／削除の処理を逐次実行して，最終段階のベースラインに至る．

図 2.9 に変更要求の例を示す．開発開始ベースラインでは，前回の開発終了ベースラインから流用した 8 つの要求（元の要求）がある．開発の進展とともに要求の追加／変更／削除がなされ開発中間ベースラインでは，追加された 1 つの要求，元の要求から変更された 2 つの要求，元の 5 つの要求と削除された 1 つの要求がある．さらに開発が進展して開発終了ベースラインでは，追加された 1 つの要求，元の要求から変更された 4 つの要求，元の 3 つの要求と削除された 1 つの要求がある．

さらに具体的な例として，開発開始ベースラインと開発中間ベースラインでの構成品目一覧を表 2.3 に示す．この例では，開発開始から開発中間にかけて各作業成果物の内容に変更があった構成品目のバージョンが，V1.0 から V1.1 または 1.2 に更新されている．

表 2.3　構成品目一覧の例

ID.	構成品目（作業成果物）	バージョン		格納場所
		開始	中間	
SYS-01	システム要求仕様書	V1.0	V1.0	K111-SYS
SYS-02	システム設計仕様書	V1.0	V1.1	K111-SYS
SYS-03	システム統合テスト仕様書	V1.0	V1.1	K111-SYS
SYS-04	システムテスト仕様書	V1.0	V1.0	K111-SYS
HW-01	ハードウェア要求仕様書	V1.0	V1.1	K111-HW
HW-02	ハードウェア設計仕様書	V1.0	V1.1	K111-HW
HW-03	ハードウェア統合テスト仕様書	V1.0	V1.1	K111-HW
HW-04	ハードウェアテスト仕様書	V1.0	V1.1	K111-HW
SW-01	ソフトウェア要求仕様書	V1.0	V1.1	K111-SW
SW-02	ソフトウェア設計仕様書	V1.0	V1.2	K111-SW
SW-03	ソフトウェア統合テスト仕様書	V1.0	V1.2	K111-SW
SW-04	ソフトウェアテスト仕様書	V1.0	V1.1	K111-SW

表 2.3 に示す各構成品目の関係の例を図 2.10 に示す．構成品目間の関係は開発組織あるいは開発プロジェクトのプロセスで定義され，定義されたプロセスに基づき実際の工程で構成品目間の関係が構築される．図 2.10 での構成品目の起点は要求定義プロセスを実施する工程で作成されるシステム要求仕様書と，アーキテクチャ定義プロセスを実施する工程で作成されるシステム設計仕様書となる．図 2.8 では例として示したが，要求定義とアーキテクチャ定義が並列，もしくはアーキテクチャ定義が先行する場合がある．要求定義とアーキテクチャ定義はどちらが先でどちらが後といったような画一的な順序が決められているわけではなく，開発現場では要求定義とアーキテクチャ定義の 2 つのプロセスを同一の工程から呼び出して取り組むことが少なくない．まずは要求定義を実施し，次にアーキテクチャ定義を実施すると決めつけているエンジニアを見かけることがあるが，むしろ新規システム開発の際には，システムのアーキテクチャを記述し，振る舞いを検討しながらシステムの要求を導出することが少なくない．統合プロセスおよび検証プロセスを呼び出す工程で作成されるシステム統合テスト仕様書は，システム設計仕様書に基づいて作成され，

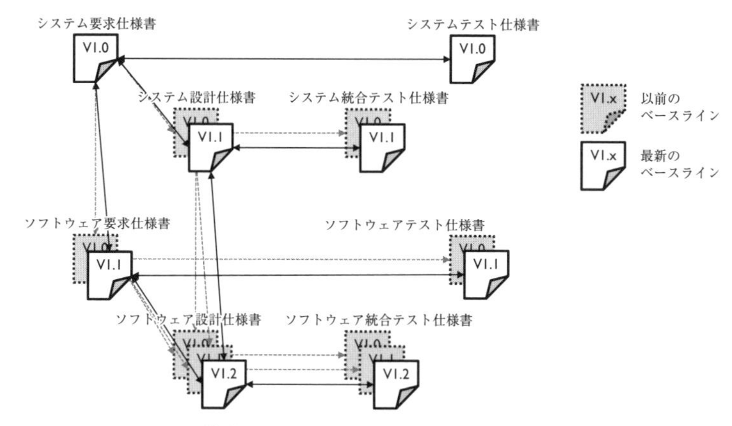

図 **2.10** 構成品目の更新による構成品目間の関係の推移

検証プロセスおよび妥当性確認プロセスを呼び出す工程で作成されるシステムテスト仕様書は，システム要求仕様書に基づいて作成される．

表 2.3 に示すように，開発開始ベースラインのシステム要求仕様書，システム設計仕様書，システム統合テスト仕様書，およびシステムテスト仕様書のバージョンはそれぞれ V1.0 である．開発の進展に伴い開発中間ベースラインでのバージョンは，システム設計仕様書が V1.1 に，システム統合テスト仕様書が V1.1 にそれぞれ更新されている．これらの更新により，システム要求仕様書 V1.0 とシステム設計仕様書 V1.0 との関係がシステム要求仕様書 V1.0 とシステム設計仕様書 V1.1 との関係に更新され，システム設計仕様書 V1.0 とシステム統合テスト仕様書 V1.0 との関係がシステム設計仕様書 V1.1 とシステム統合テスト仕様書 V1.1 との関係に更新される．これらの関係更新の様子を図 2.10 に示す．さらにシステム階層下にて実施されるソフトウェア階層で，要求定義プロセスを呼び出す工程で作成されるソフトウェア要求仕様書が，システム要求仕様書に基づいて作成されることを図 2.10 は示している．この 2 つの構成品目については，システム要求仕様書 V1.0 とソフトウェア要求仕様書 V1.1 とが関係をもつことがわかる．なお，図 2.10 の両方向矢印は構成品目間に双方向のトレース関係があることを示している．

ベースラインの決定の推移は，図 2.9 に示したシステム構成要素全体の開発の進展によるものの他に，図 2.11 に例として示す V 字モデル内の開発の進展によるものがある．図 2.11 では，V 字モデル内の第 1 工程でシステム要求仕様書とシステム設計仕様書を作成してベースラインを決定し，これらの構成品

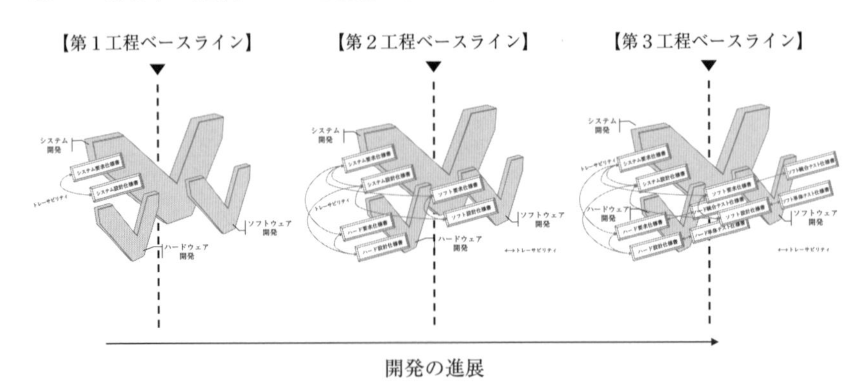

図 **2.11**　V 字モデル内の工程の進展によるベースライン決定の推移

目に基づき，第2工程でハードウェア要求仕様書とハードウェア設計仕様書ならびにソフトウェア要求仕様書とソフトウェア設計仕様書を作成しベースラインを決定している．さらにこれらの構成品目に基づき，第3工程ではソフトウェア単体テスト仕様書とソフトウェア統合テスト仕様書ならびにハードウェア単体テスト仕様書とハードウェア統合テスト仕様書を作成してベースラインを決定している．

品質を確保した構成品目を次工程に受け渡すことは1つ前の工程への手戻りを防ぐことに繋がる．これを実現するためには，図 2.11 に示す V 字モデル内の各工程の移行単位ごとに，作成された構成品目のベースラインを決定することが推奨される．

ここまでは，システムとその構成要素であるハードウェアとソフトウェアの2階層で要求仕様書，設計仕様書，および統合テスト仕様書などの作業成果物を構成品目として扱ってきた．ここでは，最上層のシステム階層（第1層），サブシステム階層（第2層），そして最下層のサブサブシステム階層（第3層）の3階層構造の場合を考えてみる．この場合，システムの階層の定義のもとにシステム要求を定義すると，表 2.4 に示すように双方向からのトレーサビリティをもつ形で要求の関係性を表現できる．最上位である第1層のシステム要求は下位の第2層のシステム要求一式と関係をもち，第2層のシステム要求はその下位の第3層のシステム要求一式と関係をもつ．これら3階層に渡るシステム要求一式を1つのシステム要求仕様書として定義し，1つの構成品目とすることもできるが，各階層単位のシステム要求一式を別々のシステム要求仕様書として定義し，別々の構成品目として管理することもでき

表 **2.4**　システム要求仕様書の例

ID			要求
第 1 層	第 2 層	第 3 層	
SR.1	—	—	システムは，イグニションキー ON 状態，すべての気象条件において，前方 100 m の車両を検知できる
	SR.1.1	—	システムは，イグニションキー ON 状態で前方の車両を検知できる
		SR.1.1.1	システムは，イグニションキーの ON/OFF 状態をプッシュ型のモーメンタリスイッチで識別する
		SR.1.1.2	システムは，イグニションキーの ON/OFF 状態の誤検知を防止する
		:	:
	SR.1.2	—	システムは，すべての気象条件において前方 100 m の車両を検知できる
		SR.1.2.1	システムは，前方 100 m の車両を検知するためにカメラを用いる
		SR.1.2.2	システムは，前方 100 m の車両を検知するためにライダーを用いる
		SR.1.2.3	システムは，前方 100 m の車両を検知するためにミリ波レーダーを用いる
		:	:
	:	—	:

る．後者の例としては，各階層のシステム要求の定義を別々の組織（会社または部門）にて分担する分散開発が挙げられる．

本項では，システム／ハードウェア／ソフトウェアの要求仕様書，設計仕様書およびテスト仕様書といった作業成果物の単位を構成品目として管理する場合を示してきた．実際の開発では，より詳細なレベルの構成品目を対象とした構成管理を行う場合も少なくない．例えば，システム設計仕様書の中で定義されるシステムを構成する構成要素（システムの機能アーキテクチャを構成する個々の機能など）を構成品目として管理する場合である．プロダクトライン開発または派生開発では，詳細なレベルの構成管理が必要となり得る．

表 2.4 に示したシステム要求をアーキテクチャの構成要素に割り当てたシス

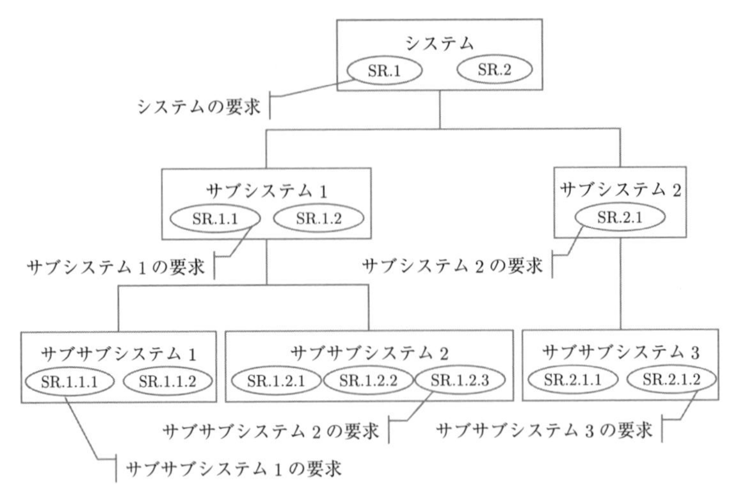

図 **2.12**　アーキテクチャの構成要素へのシステム要求の割り当て

テム設計仕様書の例を図 2.12 に示す．アーキテクチャの各階層の構成要素には，表 2.4 の各階層の要求が割り当てられている．第 1 層の要素（システム）にはシステムの要求 SR.1 と SR.2 が，第 2 層の要素（サブシステム 1）にはサブシステム 1 の要求 SR.1.1 と SR.1.2 が，ならびに要素（サブシステム 2）にはサブシステム 2 の要求 SR.2.1 がそれぞれ割り当てられている．表 2.4 に示す要求の段階的な詳細化では，論理的な飛びがなくトレーサビリティが確実に確保できる形となっており，これに対応する形で，同じ階層のアーキテクチャの構成要素の抽象度を同程度にしておくことが望ましい．上位階層の 1 つの要素を下位階層の複数要素に分解する際の要素数の上限目安として，アメリカの心理学者ジョージ・ミラーの研究論文にあるマジックナンバー 7 ± 2[w.6] が参照される．マジックナンバーの上限は 9 となってしまうが，構成要素数としては 5 程度以下とすることが推奨される．

本節では構成管理プロセスの活用について述べてきた．システムズエンジニアリングの活動を効果的かつ効率的に実施するために，構成管理は必要不可欠な支援活動である．しかしながら，ライフサイクルに渡ってシステム要素およびその構成を管理および統制することは容易なことではない．システムを社外の利害関係者（発注者など）あるいは社内の利害関係者（開発担当者など）へ提供する際には，利害関係者が真に欲する価値を提供することが重要となる．良いシステムを生み出すには良いプロセスが必要であるが，良いプロセスは利害関係者に価値を提供するものでなければならない．システムズエンジニアリングのためのリーンイネイブラー (Lean Enablers for Systems Engineering) では，リーン開発の 6 原則として「価値」,「価値の流れ」,「流れ」,「引き込み」,「完璧」,「敬意」を置き，プロセスを実践する利害関係者にも価値を提供している[A.1]．また，自動車業界で広く利用されている Automotive SPICE® をリーン開発に適用するプロセス実践ガイド[N.3]がある．リーン開発に関するこれらの資料を参照されたい．

第3章 モデルの活用

3.1 モデルのWhy, What, How

3.1.1 何のために何をモデルで記述するか？

(1) 記述モデルでコンセプトを共有する

何のためにモデルをもちたいのか？ この問いかけに明確に答えられないままモデルの記述をはじめることは避ける必要がある．例えば，コンセプトの定義をする際に，さまざまな利害関係者間でモデルを共有する状況を考えてみよう．あるプロジェクトで，取り組むべき課題がまだ十分に明確ではなく，解決策の検討に入る前であるとすると，その状況は利害関係者間でコンセプトが共有できていない段階にあると考えられる．合意プロセスでは，取得側と供給側の間で合意を得るためにコンセプトを共有する必要がある．このような場合に，コンセプトの共有を目的としてモデルを記述することがある．

ここで「利害関係者間でコンセプトを共有する」とは何を意味するのだろうか？ コンセプトは日本語で概念と言われる．車を見て，人がそれを車と認識するのは，車の概念を知っているからであり，「車」という言葉の概念を頭の中にもっているからに他ならない．この場合，「車」に関する概念（意味）は日本語を理解する人々の間で共有されているものであるため，「車」に関してお互いに理解し合うことができる．しかしながら，あるプロジェクトに関与するさまざまな利害関係者が互いに異なる専門性や歴史的，文化的な背景をもち，母国語も異なるような場合に，ある対象のシステムを考えようとするならば，どうなるであろうか？ 容易に想像できるように，そのプロジェクトの中で，対象のシステムに関してそのコンセプトをすぐに共有することは容易なことではない．

ある課題やそこへの解決策を議論する中で，何らかの用語を用いる場合に，その概念が必ずしも共通ではなく，話がかみ合わない結果となる可能性がある．それは利害関係者たちがそれぞれに異なる専門性に関する経験を積んできているためである．そのため，プロジェクトで，利害関係者間で話しがかみ合うようにするには，利害関係者間で概念を共有することが求められる．これにより，お互いに意見を交わすことで，課題が明確になり，その解決策を検討することができるようになる．Forester 氏は「私たちが頭にもち込んでいる私たちのまわりの世界のイメージは，まさにモデルである」[A.5]と述べている．まさにこのモデルを明確に表出させて，利害関係者間で互いに共有をはかり，そして精緻化を進めることで，互いのメンタルモデルが一致し，コンセプトを共有できるようになると考えられる．

コンセプトを十分に共有しないまま具体的な形にしようと先に進むことは，利害関係者ニーズおよび要求を見落とすことに繋がり，あとになって大きな手戻りを起こしてしまうことになる．これはプロジェクトの失敗を意味する．複雑なコンテキストの中で必要とされるシステムについて，さまざまな利害関係者と議論を重ねて，意見の一致を得て，そして，必要なシステムを定義していく．その中でモデルが重要な役割をもつ．

コンセプトを定義する最初の段階で，対象システムの必要性を把握することは極めて重要なことである．対象システムが何のために，何に対して何を提供することが求められているのかを，早い段階から利害関係者と共有し，さまざまな利害関係者がさまざまな観点から対象システムに関する関心事や懸念をもっていることを理解することが求められる．利害関係者間でコンセプトを共有するには，異なる専門性をもつ者が，記述されたモデルを共有し，そこに共通認識をもつことが重要となる．

(2) 記述モデルの目的の事例

モデルを記述することの目的としては，コンセプト定義の他に次のような場合がある．

- 既存のシステムを改善するため
- システムの品質特性を向上させるため（例：サポートステージでのシステムの保守性を向上させるため）
- システムアーキテクチャを定義するため

- システム設計を進めるために機能要求，性能要求，インタフェース要求などを明確にするため
- システムの検証を行うためにテストケースを明確にした計画を行うため
- シミュレータを用いたオペレータのトレーニングのサポートのため

ここに挙げたケースは技術プロセスに直接関与するものであり，それぞれのアクティビティが互いに密接に関係性をもつため，記述モデルは利害関係者間でこれらの関係性を維持して情報のやりとりをする際に大きな役割をもち得る．また，これらのモデルを用いたアクティビティは，合意プロセス，組織のプロジェクトを有効にするプロセス，技術マネジメントプロセスに関係する．合意プロセスが関係することはすでにこの項の冒頭で述べた．技術マネジメントプロセスの中のプロジェクト計画プロセスで作成するSEMP（システムズエンジニアリングマネジメント計画）では，2.1.2項で述べたとおり，FBS（機能分解構造），PBS（製品分解構造）に基づいてWBS（作業分解構造）を導くため，これを行うレベルでのシステムアーキテクチャの定義がなされていることが前提となっており，このためにモデルが用いられる．

組織のプロジェクトを有効にするプロセスの中では，組織内で蓄積した知識を共有し，これを再利用する知識マネジメントプロセスがある．システムアーキテクチャ定義あるいは設計定義プロセスの中でモデルが利用され，そこから得られた知見，あるいはパターンなどを知識としてマネジメントすることは組織での技術力の維持や技術伝承などに大きな価値を生む．例えば，ある組織が開発する既存のシステムに関するアーキテクチャをモデルで記述し，これをその組織内の経験の浅いエンジニアに共有することにより，コンテキストの中でのシステム全体の機能性，システムのもつ機能，機能のためのシステムの構成などを理解するためのトレーニングに使える可能性がある．これまでに開発などに関係したエンジニア間で意見の一致を得て定義されたシステムアーキテクチャは，さまざまな専門知識が集積されたものであり，システムが置かれるコンテキストの情報から，必要に応じて，設計定義に関連するシステム要素の詳細な情報までを提供できるものである．これらの情報を知識マネジメントに活かすことは，組織に大きな効果をもたらす．

3.1.2 システムモデルの活用

(1) 文書からモデルへ

コンセプトを定義した上で，対象のシステムの要求を定義し，アーキテクチャを定義し，設計，検証，妥当性確認を進めていく一連のシステムズエンジニアリングの活動で，システムをモデルとして記述していく．これまで文書中心で必要に応じて図や表を用いる形で進めてきたシステムズエンジニアリングアプローチを，システム記述モデルを用いたアプローチにしたものが，モデルベースシステムズエンジニアリング (MBSE: Model-Based Systems Engineering) である．文書ベースのシステムズエンジニアリングでは，さまざまな専門性をまたいでつくりあげる必要のある複雑なシステムを扱うことが難しくなってきたことから，この課題を克服するものとして MBSE がある．近年では，さらに，デジタルエンジニアリング[W.7]を推進することの重要性が強調されており，このためには MBSE は必須なものとされている．文書に含まれるシステムに関する情報をさまざまな状況下で維持し，要求や設計等の変化に適切に対応できるようにすることは困難であり，デジタルな情報として繋がりをもたせる MBSE のアプローチをとることは極めて重要なことと言える．

3.1.1 項に述べた利害関係者間でのコンセプトの共有は，そのあとに続くシステムを実現するプロセスの中でも維持されるべきものであり，開発関係者間での共有，開発部門と生産部門との共有などに繋げていくことで，効率的で確実なコミュニケーションができるようになる．また，コンセプトの段階からシステムが実現されるまでのライフサイクルに渡って整合したモデルをもつことにより，対象のシステムの品質およびプロセスの品質の保証が期待できる．以下に，ライフサイクルに渡って対象システムのアップデートを行うことを念頭に置いた 1.1.2 項で触れた DevOps[S.4]へのシステム記述モデルの活用について述べる．

(2) システムモデルによる **DevOps** への対応

自動車は SDV (Software Defined Vehicle) と言われ，DevOps を実践する必要に迫られている．そこでは，例えば，運用中の自動運転システムのソフトウェアの更新を行う場合に，安全性を確保した上でスピードをもってこれを実施するための仕組みが必要になる．この場合，開発部門と運用部門が連携して取り組む必要があり，このため，開発部門と運用部門のエンジニアおよび利害関係者間でコミュニケーションを取りやすくしておく必要がある．また，ソフトウェアの更新にあたってはスピードとコスト妥当性が要求されることから，人が対応して決定するべきことと機械的に自動で対応し決定するべきところとを明確にわけ，「スピードをもって効率的に実施」する必要がある．DevOpsを用いて自動運転システムへ対応する際のシナリオの一例を以下に示す．

1) 自動運転システムに対して，ODD（運用設計領域）のもとでそのシステム要求およびシステムアーキテクチャが事前に定義され，システム記述モデルに基づく仕様書をもとにして設計されている
2) 自動運転システムが運用環境にある中で，SOTIF(Safety of the Intended Functionality) で定義される Area3 と呼ばれる Unknown で Hazardous な領域が ODD に存在することを発見し，ODD を更新する必要が生じた
3) ODD が更新されたことを受けてシステム記述モデルを更新し，これをもとに ODD のシミュレーションモデルを更新する
4) ODD の更新に対応できるように自動運転システムの構成要素であるソフトウェアを更新するため自動運転システムの記述モデルを更新し，あわせて自動運転システムのシミュレーションモデルを更新する
5) シミュレーションモデルを活用し自動運転システムの構成要素であるソフトウェアを更新する／システム記述モデル上での検証（機能の更新，変更，追加）とシミュレーションでの自動運転システムソフトウェア単体テストを実行する
6) 更新された ODD への対応ができる自動運転システムソフトウェアの OTA(Over The Air) による更新を「検証」するため，車両レベルでのシミュレーション，実車テストなどを実施する
7) 一連の更新が利害関係者ニーズおよび要求，運用シナリオに矛盾しない正しいものであることを，根拠をもって示す

これらのプロセスには必要に応じて反復があり，また自動運転システムソフトウェアの更新がハードウェアへ影響する場合には，ハードウェアエンジニアの関与が必要となる．

例として挙げた上述のシナリオの中で，3）～6）のシミュレーションを実

行するためには，ツール間連携に基づくデジタルツインの環境を整えておくことが求められる．現実のODDと同じ状況を自動運転システムとともに仮想空間に再現し，テストができる環境を用意しておく必要がある．また，ODDと自動運転システムソフトウェアを仮想空間上で容易に更新できる環境を準備しておく必要がある．自動運転システムの要求定義とアーキテクチャ定義がトレースのとれる形で維持され，これらを統制下においた構成管理ができるようになっていることが求められる．

3.2 モデルとシミュレーション

3.2.1 システム記述とシミュレーションに用いるデジタルモデル

システムを記述するモデルとしてシステム記述モデルがあり，その代表的な言語であるシステムズモデリング言語SysML[A.4][N.2]を用いて，システムをモデルとして記述することができる．システムモデルには，システムのもととなるコンセプトからはじまり，利害関係者のニーズおよび要求，運用シナリオや環境などのコンテキスト，システム要求（機能要求，性能要求，品質特性，制約），システム特性（プロパティ），システムアーキテクチャ，システム要素の要求と特性，システム検証，システム妥当性確認などに関わる情報が含まれる．これらの情報はさまざまな形で仮定され決定され，また更新されるものであり，システム分析プロセスをはじめ，測定プロセスやリスクマネジメントプロセス，品質保証プロセスなどに関与する．SysMLはこれらの関連するプロセスから得られた情報をモデルとしてまとめることができる．

特に，システムあるいはシステム要素の要求を定義する際には，システム記述モデルと各種の分析やシミュレーションを実行することができるいわゆるデジタルモデル[A.3]を合わせて用いることが有効である．利害関係者から求められるコンテキストの中でシステムがもつべき機能や品質特性を明確に記述したシステム記述モデルをもつことで，その振る舞いと構造の記述で機能要求を段階的に詳細化していくことができ，トレーサビリティの確保が容易となる．この過程で性能要求や制約などを明確にするには，並行してシミュレーションや物理モデルを用いたテストを実施することが有効である．

Systems Engineering Handbook(SEH) 5th Ed. 3.2.1のMA&S (Modeling, Analysis and Simulation)[A.3]では，物理モデルとデジタルモデルとを区別し，

デジタルモデル中の形式モデルの内，論理モデルに記述モデルが含まれるとしている．また，形式モデルの中の量的（数学）モデル (quantitative model, mathematical model) または代理モデル (surrogate model) はシミュレーションに用いられるモデルとしている．ここで，代理モデルは，シミュレーションモデルの動作を可能な限り忠実に模倣しながら，計算コストを抑えることが可能な近似数学モデルである[W.8]．

システム記述とシミュレーションに用いるモデルは，システムズエンジニアリングの実践の中でその目的に応じて，相互に補完し合うべきものである．システムズエンジニアはこれらのモデルを適切に活用する必要がある．この文脈の中で，担当するエンジニアの専門性に依存したモデルに偏った成果物に固執することは，対象システムをライフサイクル全体に渡って成功裏に実現することにリスクを生じせることに繋がる．デジタルエンジニアリングでは，デジタルモデルを集約して適切に用いることで**権威ある真実の情報源 (ASOT: Authoritative Source of Truth)** を確保することを目標としている[W.9]．3.1.1 項に述べたとおり，専門性のあるエンジニアがこれまでの経験やそこから得られた知見から頭の中にもつメンタルモデルのみで，システムを見るときにはどうしてもその専門性のビューポイントから見てしまう．システムズエンジニアがそのビューに，システム記述モデルのみ，あるいはシミュレーションに用いるモデルのみを置いてしまうことは，避けなければならない．

システム記述モデルとシミュレーションモデルとの間のバランスのとれた活用例としては，例えば，次のようなケースが考えられる．

- コンセプト定義の段階で，課題に対する解決策を検討する際，システムとしてもつべきいくつかの特性をシステム記述モデルで定義し，シミュレーションを用いてそれらの特性間のドレード分析をして評価することにより，正しい意志決定ができるようにする．
- 航空機のフライトシミュレータを用いて操縦士のトレーニングをサポートする場合，さまざまな状況をシミュレーションで再現するための動的なモデルが必要となる．そこではどのような状況を想定する必要があるのかということや，それらの事象の確率的な特性やそこに関連するパラメータなどをシステム記述モデルで予め定義しておくことが求められる．

ここまでデジタルエンジニアリングの文脈の中でのモデルベースシステムズエンジニアリングの重要性を述べてきたが，モデルやシミュレーションをもとにシステムまたはシステム要素の最終的な検証／妥当性確認を済ませようとすることには注意を払う必要がある．想定されるユーザー／オペレータの利用／操作による実際の運用環境での検証／妥当性確認を行うことで，不具合の発見や想定外のシナリオを発見する可能性がある．これに対して，シミュレーションに用いるモデルでは，予め定められたユーザー／オペレータおよび運用環境の範囲でのみ動作することになる．シミュレーションの実行にあたっては，シミュレーションに用いるユーザー／オペレータ，運用環境，対象システムのモデルに設定されたパラメータの数値を変更して多数の組み合わせでシミュレーションを試行することはできる．しかしながら，実環境に存在する状況をモデルとして考慮できていない場合は，その状況下でのシミュレーションはできない．ユーザー／オペレータによる実際の物理環境で，実際のハードウェアとソフトウェアが統合されたシステムに対する検証／妥当性確認を行う必要がある[A.3]．

3.2.2 システムズモデリング言語 SysML

2006年にOMGから発行されたシステムズモデリング言語 SysML v1[A.4][N.2]は構造，振る舞い，要求，パラメトリック制約の4つの柱でシステムモデルを記述することを特徴とする．システム要求を定義し，システムアーキテクチャを定義し，そして，システムを設計する過程の中で，この4つの表現方法を活用して対象システムに関する機能要求，性能要求，制約，品質特性を段階的に詳細化して記述していくことが可能となる．この結果として，システムモデルをもとにして要求を段階的に詳細化することができ，上位から下位へ，下位から上位への両方向のトレーサビリティを確保することができる．

SysMLで用いるダイアグラムの分類を図3.1に示す．SysMLダイアグラムにはパッケージ図，要求図，ユースケース図，シーケンス図，アクティビティ図，ステートマシン図（状態機械図），パラメトリック図，ブロック定義図，内部ブロック図の合計9種類のダイアグラムがあり，この中で，ユースケース図，シーケンス図，アクティビティ図，ステートマシン図はシステムの振る舞いを表すダイアグラム（振る舞い図）であり，ブロック定義図，内部ブロック図はシステムの構造を表すダイアグラム（構造図）である．

パッケージ図は，記述したモデル要素をパッケージに収めることにより，モデリングプロセス，担当チームやサプライヤが参照するべきモデルの編成，ダ

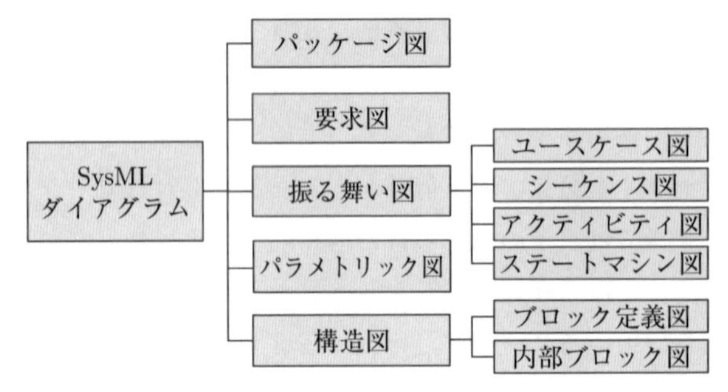

図 **3.1　SysML** ダイアグラムの分類

イアグラムによる分類などを表すことができる．要求図は，テキストベースの要求とモデル要素，テストケースや根拠との関係を表し，要求のトレーサビリティをサポートすることができる．

ユースケース図は，対象のシステムがユーザーやオペレータなどの外部システムとの関係の中で目的を達成するための機能性を表す．対象システムが外部システムに対してどのようなことを提供できるかを示すことができる．シーケンス図は，内部システムと外部システムの間，あるいはシステム内部のパート間でやりとりされるメッセージの時間的な順序を表す．アクティビティ図は，入力，出力，および制御によるアクションの順序付けと，アクションによる入出力間の変換によって相互作用を伴う振る舞いを表す．ステートマシン図は，イベントによって引き起こされるエンティティ（状態をとり得るもの）の状態遷移を表す．状態をとり得るエンティティとしては，例えば，対象システムの構成要素，対象システム内を流れるもの，対象システムの外部環境，外部システムなどがある．

パラメトリック図は，「$F = ma$」といった支配方程式などによる属性値に関する制約を表すことができる．性能や設計パラメータなどを決定するために実施するシミュレーションなどのエンジニアリング解析をサポートすることができる．

ブロック定義図は，ブロックと呼ばれる構造的要素の全体と部分の関係を記述する．また，ブロック間の接続関係を記述することができ，これによって，ブロック間のインタフェースを表すことができる．さらに内部ブロック図では，ブロック定義図で定義されたブロック内にあるパート間の相互接続とインタフェースを詳細に表すことができる．

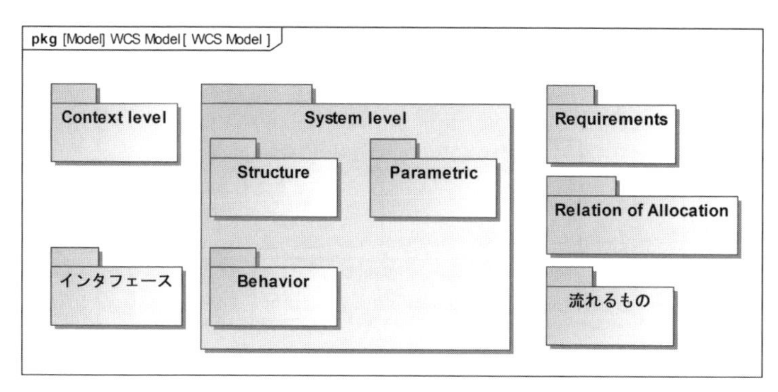

図 **3.2**　水収集システムのパッケージ図

以上のように，構造的な表現のみならず振る舞いの表現ができることがSysMLの特徴である．著者のこれまでの共同研究等の経験からすると，エンジニアはアーキテクチャを構造的な表現としてのみ捉えてしまいがちである．当然ながら，システム要素の構造的な繋がりを表す図は，そのシステムを構築する上で極めて有効な情報であるが，そこには振る舞いに関する情報はない．おそらく振る舞いの情報はエンジニアの頭の中にあると考えられるが，これを頭の外に出して記述し，関係者間でこれを共有することが重要である．先に述べたとおりSysMLは振る舞いの表現ができるようになっていて，そして，構造的な表現と振る舞いの表現の関係性をモデルの中に維持できる．対象システムの振る舞いに関する情報をエンジニア間で共有することにより，手遅れになってしまうような大きな手戻りを防止できる．

2.3.2項で事例として示したエレベーターピットに溜まった水を排出するための水収集システムについて，SysMLを用いた記述を以下に示す．最初にシステムモデル全体のパッケージを図3.2に示す．パッケージ「コンテキストレベル (Context level)」と「システムレベル (System level)」を設け，対象システムのコンテキストに関する記述を「コンテキストレベル」に，パッケージ「システムレベル」はさらにパッケージ「構造 (Structure)」，「振る舞い (Behavior)」，「パラメトリック (Parametric)」を含む．パッケージ「インタフェース」にはパート間のコネクタを繋ぐポートの型の定義に用いるインタフェースブロックをまとめている．パッケージ「流れるもの」にはアクション間のオブジェクトフローを繋ぐピンの型の定義に用いるブロックをまとめている．また，システム要求を「要求 (Requirements)」に，割り当て関連の情報

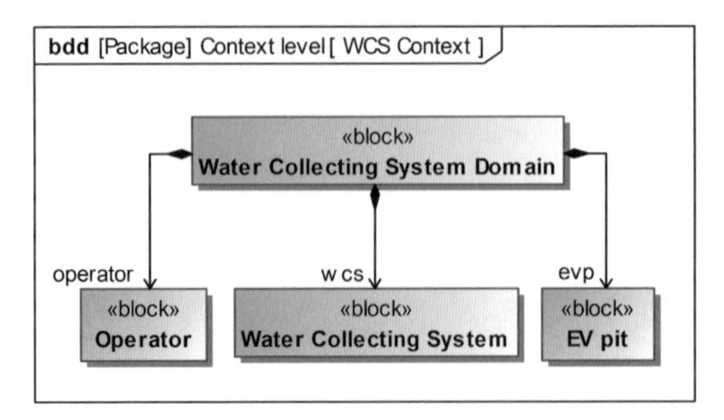

図 **3.3**　水収集システムコンテキストの構成を表すブロック定義図

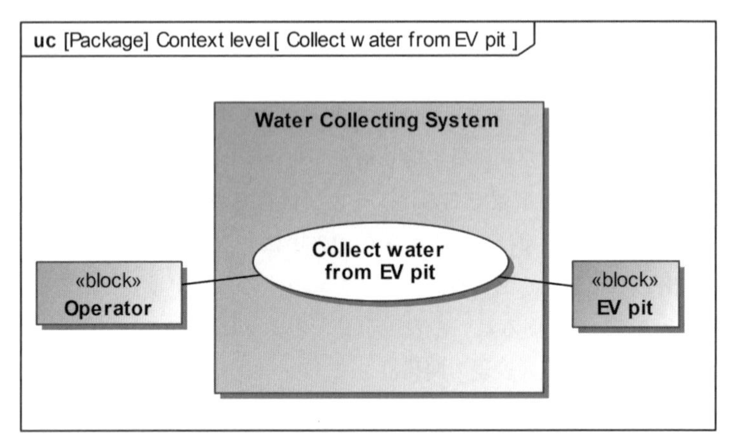

図 **3.4**　水収集システムのユースケース図

を「割り当ての関係 (Relation of Allocation)」にまとめてある．

図 3.3 のブロック定義図では，水収集システムのコンテキスト全体が，対象システムであるブロック「水収集システム (Water Collecting System)」，「オペレータ (Operator)」および「エレベーターピット (EV pit)」から構成されることを表している．黒ダイヤの矢先にある文字はブロックを使用する際に用いるパートの名前 (operator, wcs, evp) を表している．この構成のもとで水収集システムはオペレータとエレベーターピットと関連してユースケース「エレベーターピットから水を収集する (Collect water from EV pit)」をもっていることを図 3.4 のユースケース図に表している．

このユースケースをどのように実現するかをシーケンス図（図 3.5）で記述

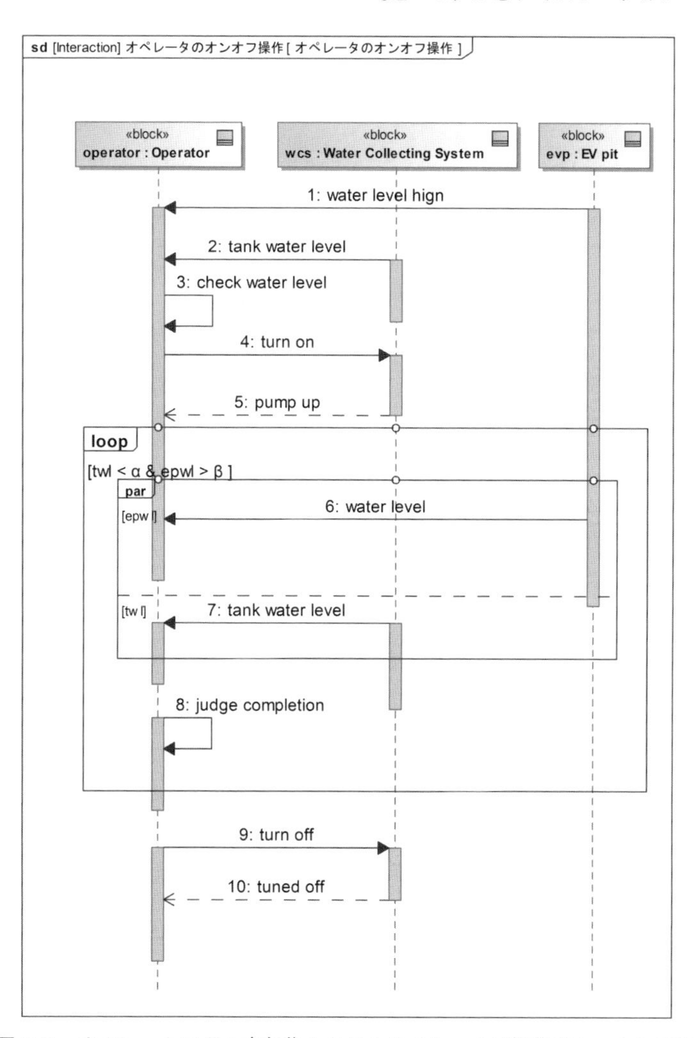

図 **3.5** オペレータによる水収集システムのオン・オフ操作のシーケンス図

して思考してみる．ここでは，エレベーターピットに貯まった水の水位と，水を貯めるタンク内の水位をオペレータが監視して対象システムのオン・オフ操作を行うこととした．対象システムには水を貯めるためにタンクが必要となることをまだ定義していないが，最初の思考の時点で候補として考えていることを記述している．

また，エレベーターピットとタンクに貯められた水の水位に基づいてオペレータがオン・オフ操作をすることから，ステートマシン図でオペレータの判断

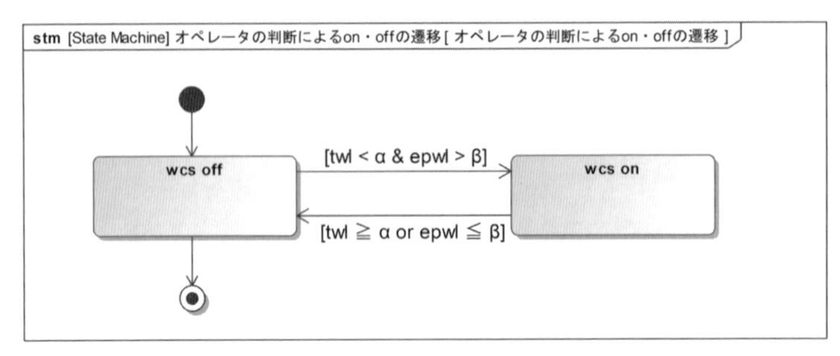

図 **3.6**　オペレータの判断による水収集システムのオン・オフ状態の遷移を表すステートマシン図

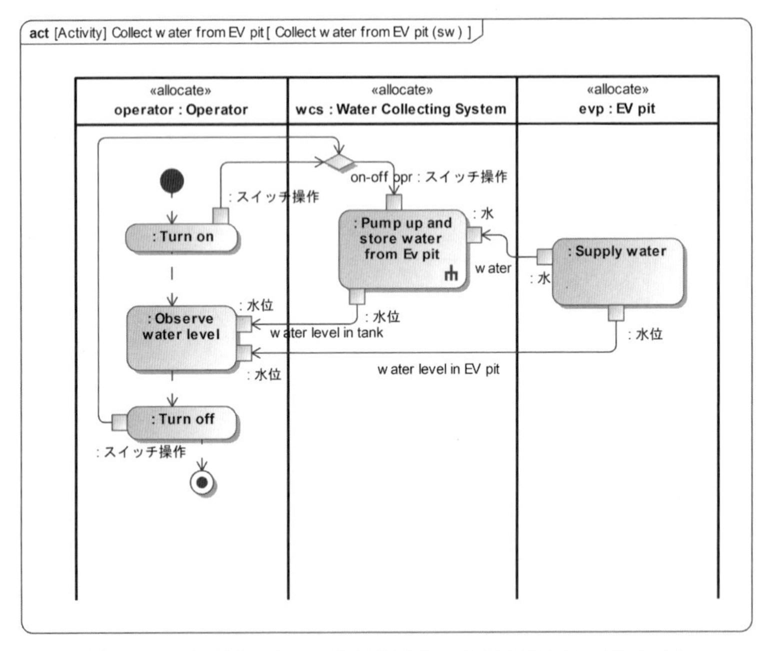

図 **3.7**　コンテキストレベルの振る舞いを表すアクティビティ図

の状態遷移を記述した結果を図3.6に示す．タンク内の水の水位twlが α [m]よりも低く，かつエレベーターピット内に貯まった水の水位epwlが β [m]よりも高い場合には対象システムを機能させる (wcs on)．タンク内の水の水位twlが α [m] 以上，またはエレベーターピット内に貯まった水の水位epwlが β [m] 以下ならば，停止すること (wcs off) を表している．

ここまでの対象システムのコンテキストに関する振る舞いの理解から，アク

表 **3.1**　水収集システムの要求表

#	Name	Text
1	⊟ R 1 水の収集	エレベーターピットにたまった水を1時間以内に汲み上げて貯めること
2	R 1.1 オペレータ操作	オペレータの判断によるon・off操作を受けること
3	R 1.2 on・offによる動作	オペレータのon操作でエレベーターピットにたまった水を汲み上げて汲み上げた水を貯め、offの操作で水の汲み上げを停止すること
4	R 2 水を汲み上げる	エレベーターピットにたまった水を汲み上げること
5	R 3 汲み上げた水を貯める	エレベーターピットから汲み上げた水を貯めること

ティビティ図を図 3.7 に示す．この図は 2.3.2 項の図 2.2 の上図に対応するものである．3 つのスイムレーンには，それぞれ，パート「operator：オペレータ」,「wcs：水収集システム」，および「evp：エレベーターピット」がある．それぞれのスイムレーンには《allocate》と書かれており，スイムレーン内にあるアクションがそれぞれのパートに割り当てられている．オペレータは水収集システムのスイッチをオンにし，エレベーターピット内および水収集システムにある水の水位を観測してオフにする．水収集システムはオペレータからのスイッチオンの操作を受けてエレベーターピットからの水を汲み上げて貯める．一番右に配置したエレベーターピットは水収集システムへ水を提供する，と表現しているが，水収集システムがエレベーターピットから水を汲み上げるには，エレベーターピットに汲み上げるための水が存在することが前提となるため，このような表現をしている．

同様の考え方で，オペレータが監視する水位を水収集システムおよびエレベーターピットからのオブジェクトフローとして表現している．図 3.5 のシーケンス図と図 3.6 のステートマシン図で示したとおり，エレベーターピット内とタンク内にある水の水位に基づいてオペレータがオン・オフ操作をするため，オペレータが水収集システムおよびエレベーターピットの水位を監視できることを前提としている．これにより,「水収集システムは，エレベーターピットに溜まった水の水位，および水を収集して貯めるタンクの水位をオペレータが監視できるようにすること」というシステム要求を導くことができる．

ここまでに SysML のダイアグラムで記述してきた「水の収集」に関する要求を図 3.8 の要求図に示す．要求「水の収集」は 2 つの要求「オペレータ操作」と「on・off による動作」に分解することができ，図 3.6 に示したステートマシン図により，要求「オペレータ操作」を詳細化したことを表している．SysML の要求図は，図的にモデル要素との関係性を示すことに優れているが，

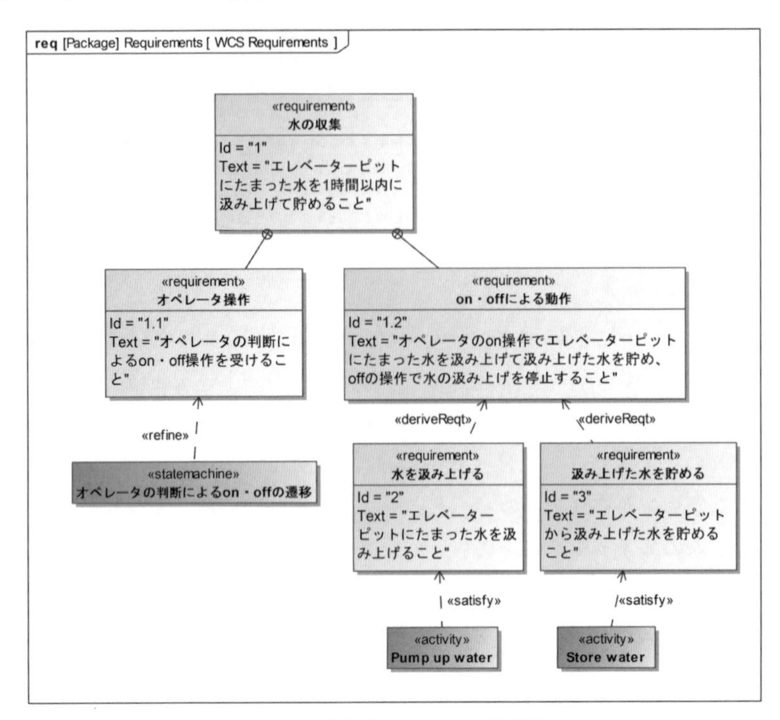

図 **3.8**　水収集システムの要求図

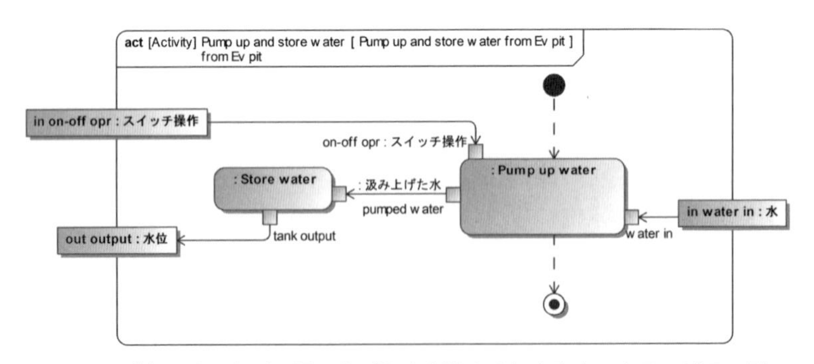

図 **3.9**　「水を汲み上げて汲み上げた水を貯める」を表すアクティビティ図

表 3.1 の形で要求表として把握することも有効であり，また要求管理ツールなどへのエクスポートも可能である．

要求「on・off による動作」の中の，要求「エレベーターピットに貯まった水を汲み上げて汲み上げた水を貯める」から導出される要求を満たすアクティビティを検討し，図 3.9 を記述した．このような記述をすることで，要求図の

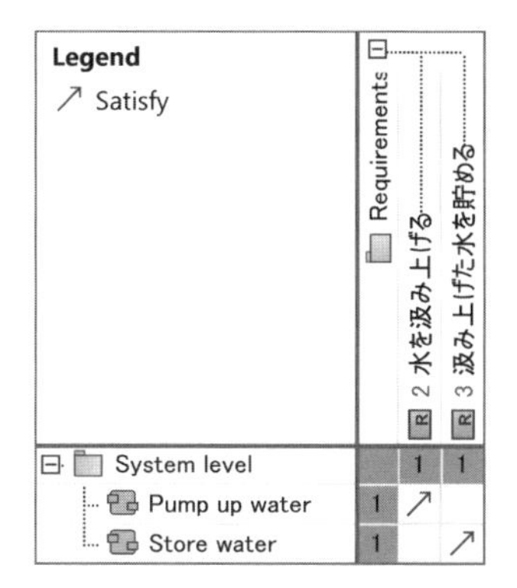

図 **3.10** 要求のアクティビティによる充足関係を表す依存関係マトリクス

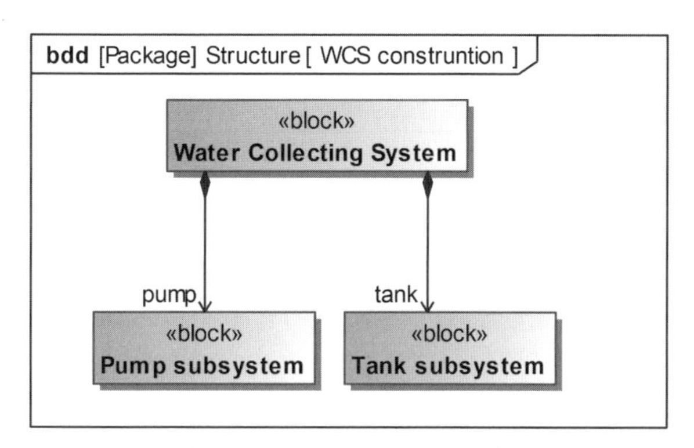

図 **3.11** 水収集システムの構成を表すブロック定義図

Id2 と Id3 については，それぞれ，アクティビティ「Pump up water（水を汲み上げる)」および「Store water（水を貯める)」が充足することとなり，要求図にもそれが記述されている．また，図 3.10 のとおり，依存関係マトリクス (Dependency Matrix) を用いて，この関係を表すことも可能である．

図 3.5 のシーケンス図ではすでにタンクに水を貯めることに言及している．さらにここで，エレベーターピットから水を汲み上げるにはポンプを利用することにしよう．この結果，対象システムはポンプサブシステムとタンクサブシステムから構成され，図 3.11 のブロック定義図のとおり示すことができる．

図 3.9 のアクティビティ図にポンプサブシステムとタンクサブシステムのスイムレーンを置き，アクションをパートに割り当てて記述したアクティビティ図を図 3.12 に示す．アクションのパートへの割り当てを割り当てマトリクス (Allocation Matrix) で表した結果を図 3.13 に示す．この場合は，割り当てる

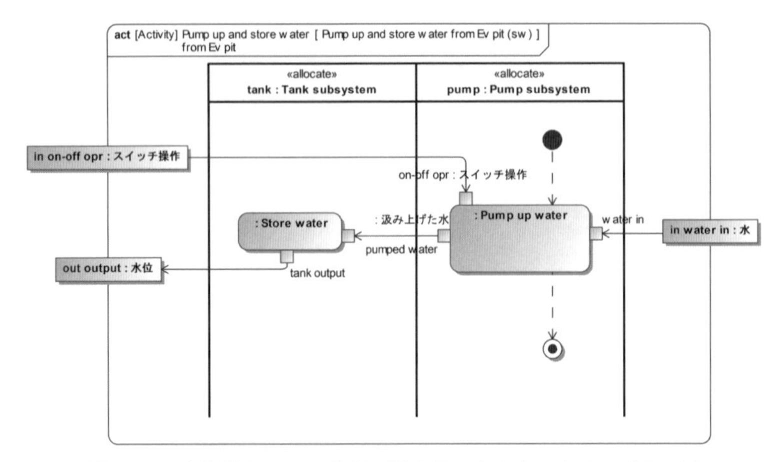

図 **3.12**　水収集システム内部の振る舞いを表すアクティビティ図

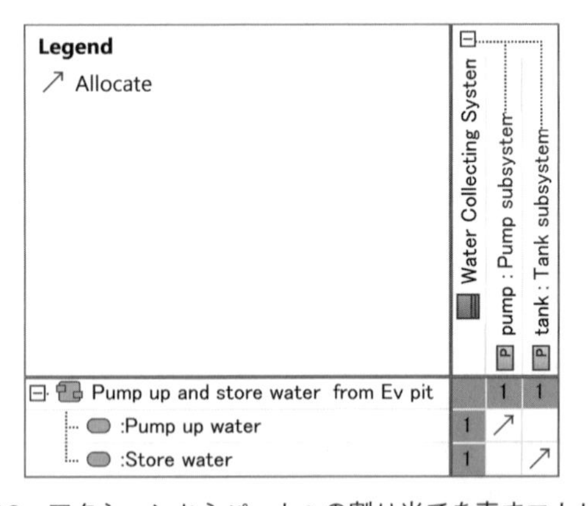

図 **3.13**　アクションからパートへの割り当てを表すマトリクス

アクションと割り当て先のパートがそれぞれ2個のみであるため，表記するまでもない単純な関係となるが，割り当てマトリクスを用いることは，割り当てるべきアクションあるいは割り当てられるべきパートに抜け漏れがないかを確認するために役立つ．

ここで，ポンプを用いてエレベーターピットに貯まった水を汲み上げる案についての分析を行うために必要となるパラメータ関係の制約を表すため，パラメトリック図を用いる．対象システムのコンテキストの中でエレベーターピットから水を汲み上げるためにポンプを用いることが，実現可能な案となっているかどうかを検討する必要があり，ここでは特に，ポンプに用いるモー

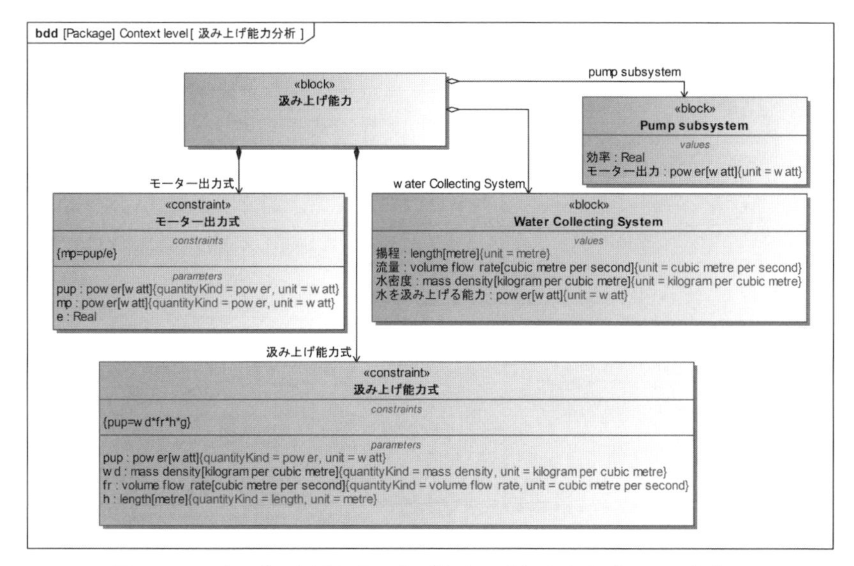

図 **3.14** ポンプに必要な汲み上げ能力の分析を表すブロック定義図

ター出力に関する分析が必要と考えた．図 3.14 のブロック定義図は，この分析のために必要な支配方程式とその式に必要となるパラメータ，および関連する値プロパティなどの属性を表している．パラメトリック図に示す分析対象である「汲み上げ能力」が制約ブロック「汲み上げ能力式」および「モーター出力式」から構成されることを黒ダイヤの矢印で，また，ブロック「Water Collecting System（水収集システム）」および「Pump Subsystem（ポンプサブシステム）」を参照していることを白抜きダイヤの矢印で示している．また，値プロパティ（value property，図中 values）として，「水収集システム」には揚程，流量，水密度および水を汲み上げる能力が，「ポンプサブシステム」には効率とモーター出力が挙げられている．

図 3.14 のブロック定義図の中で定義あるいは参照されたパラメータ間の関係性を図 3.15 のパラメトリック図で記述している．制約ブロック「汲み上げ能力式」および「モーター出力式」で用いられるパラメータが，「水収集システム」と「ポンプサブシステム」の値プロパティである揚程，流量，水密度および水を汲み上げる能力と，効率とモーター出力に関係付けられていることがわかる．

対象システムのコンテキストとしては，エレベーターが設置されているビル

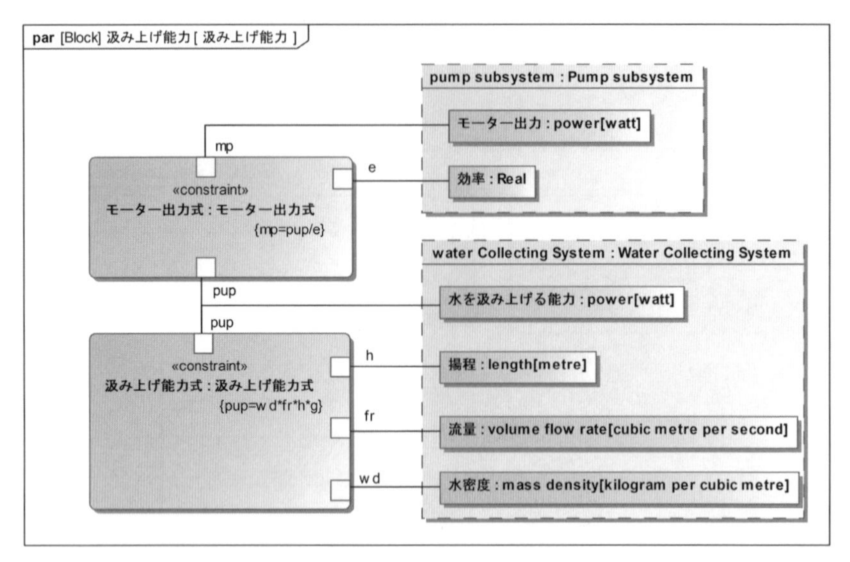

図 **3.15**　ポンプに必要な汲み上げ能力およびモーター出力に関するパラメトリック図

の中でエレベーターピットから水を貯めるタンクまでの揚程が何メートルか，エレベーターピットにはどれだけの水が溜まっていて，これをどれだけの時間でタンクに汲み上げる必要があるのか（要求図に示したとおり1時間以内とした）などを決めておく必要がある．コンテキストの中でのこうした目標を明確にしておくことがシステムレベルでの分析には極めて重要となる．このことは，エレベーターを設置するビルの中で，どの高さにエレベーターピットがあるのか，水を貯めるためのタンクをどこに設置できるのかといったビルの構造や寸法などに依存するモデル（図面）が必要となることを意味する．また，ポンプの選定やポンプに用いるモーターの選定にあたっては，ポンプやモーターの品質特性が対象システムの品質特性へどれだけ影響するかを検討する必要が生じる．

図3.16のアクティビティ図にはコンテキストレベルでの振る舞いと合わせて内部の振る舞いをまとめている．図3.17はコンテキスト全体のパート間の相互接続と合わせて，水収集システム内部のパート間の相互接続を表す内部ブロック図を示している．エレベーターピットから汲み上げる水と汲み上げた水を，相互接続を表すコネクタがもつアイテムフローとして黒三角の矢先で示している．

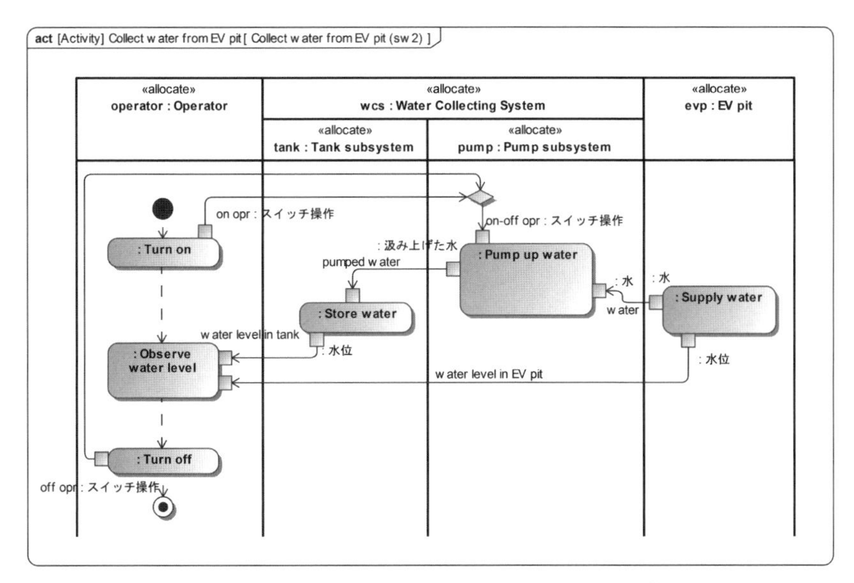

図 3.16 水収集システムの内部を含めたコンテキスト全体の振る舞いを表すアクティビティ図

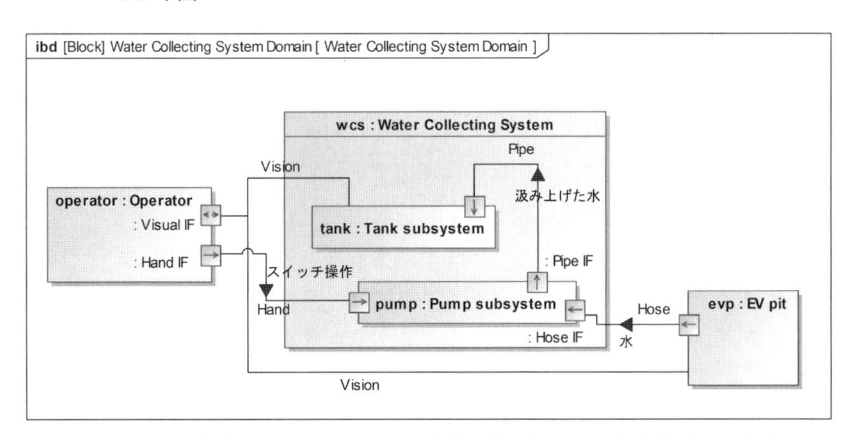

図 3.17 内部を含めたコンテキスト全体の相互接続を表す内部ブロック図

図 3.16 と図 3.17 の間には，機能的なインタフェースを表すオブジェクトフローと物理的なインタフェースを表すコネクタの間の割り当て関係がある．図 3.18 はこの関係を表す割り当てマトリクスである．

図 3.17 のような構造的な接続を表す図は，最終的にシステムを統合する際や，全体としてどのような構成になっているかを理解するのに有効なものと考えられる．多くのエンジニアはこのような構成図をアーキテクチャとして活用

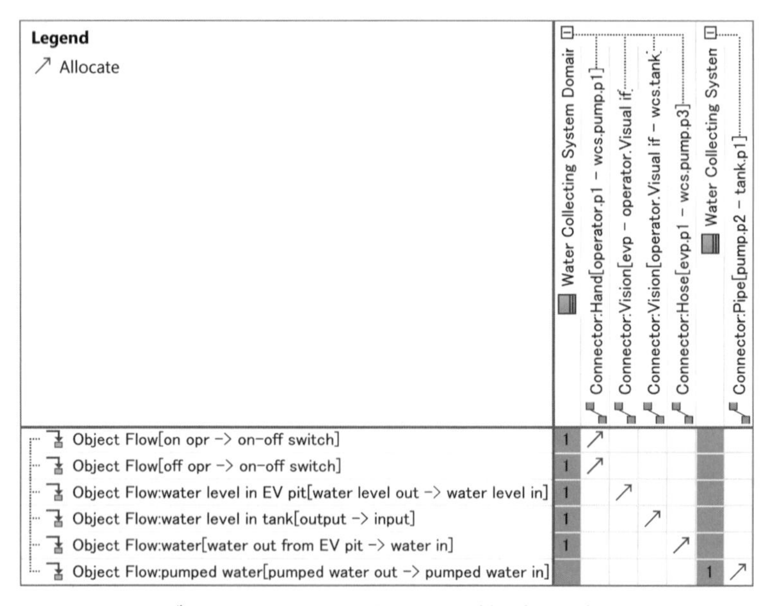

図 **3.18**　オブジェクトフローとコネクタ間の割り当てを表すマトリクス

しようとする傾向がある．しかしながら，この構成図には，振る舞いの情報は含まれていない．優れたエンジニアは，自身の頭の中で，この図から振る舞いを思い描くことができるため，この構成図で十分であると判断する可能性がある．しかしながら，振る舞い図とともに構成図を用いることで，間違いのない理解をエンジニア間で共有できる．また，振る舞いを表すアクティビティ図と構造を表すブロック定義図，内部ブロック図間の関係性を明確にするため，モデル要素間の依存関係の一つを示す割り当てマトリクスを用いることが有効である．

SysMLを用いるシステムモデルの記述では，ツール上でのモデル要素間の依存関係が保存されることを述べたが，図3.14および図3.15で示したパラメトリック図を用いて定義された分析を行うためには，シミュレーションを行うためのツールなどとの連携が必要になる．ツール連携を確保するとともに，その専門性のあるエンジニアとの連携，さらには各チームでのシステムズエンジニアリングスキル，コンピテンシーを管理することも求められる．こうした体制を整えることで，ライフサイクルを通じてシステムが進展する中でのさまざまな対応が的確に行えるようになる．

3.2.3 ライフサイクルに渡るモデルの活用

システム要求の中で定義される品質特性についてはすでに2章2.2節，2.3節で述べたとおり，利害関係者の関心事や懸念をアーキテクチャのビューポイントとして捉え，これを品質特性として把握することが極めて重要となる．利害関係者の関心事や懸念はライフサイクルを通じて存在するものであり，ライフサイクルステージごとの利害関係者，例えば，対象システムの発注者，ユーザー，開発者，生産担当者，保守担当者，廃棄業者などに依存することとなる．そして，これらの関心事や懸念は，ライフサイクルコンセプトをまとめる段階から考慮していくことになる．さらにコンセプト文書をもとにしてシステム要求定義プロセスおよびシステムアーキテクチャ定義プロセス，設計定義プロセスに進む中で，コンセプト文書をもとに品質特性から導出される機能要求，性能要求をシステム要求仕様書，設計仕様書として規定していく必要がある．設計定義プロセスを完了するには，下位のシステム要素のレベルでの設計に関与することが必要となるため，上位で規定された品質特性およびそれに関連する機能要求，性能要求をもとに，システム要素に関する要求仕様を規定する必要がある．

これらの一連のプロセスの中では，ハードウェア，ソフトウェアのドメインや品質特性などの対象分野の専門家 (SME: subject matter expert) が関与し，それぞれの専門性に依存したモデルを利用する．開発の開始時点では，システムの定義に関する作業成果物のベースラインを定めるため，専門性に依存したモデルおよびモデル間の関係性もベースラインとして定まることになる．構成管理プロセス（2.6節）では，このベースラインをもとにして，バージョンの管理を行っていくことになる．品質特性としては，これまでにも述べてきた信頼性，可用性，保守性，安全性，セキュリティ，生産可能性，相互運用性などのほか，コスト妥当性，持続可能性，レジリエンス，適応性，俊敏性，ヒューマンファクタ，ヒューマンマシンインタフェース，サポート可能性，廃棄可能性などがある[W.3]（詳細はSEH 5th Ed. TABLE 3.1 (p.161)）．

図3.19には，ライフサイクルステージ全体に渡って品質特性に対応するSMEの活動と，システムズエンジニアリングプロセスの中で用いられる統合されたシステムモデル（リポジトリー）およびシステム要素モデルに関連する活動，そしてライフサイクルステージに関連して対象システムを有効にするシステムに関連する活動を時系列的に並べて示している．この図は，SEH 5th

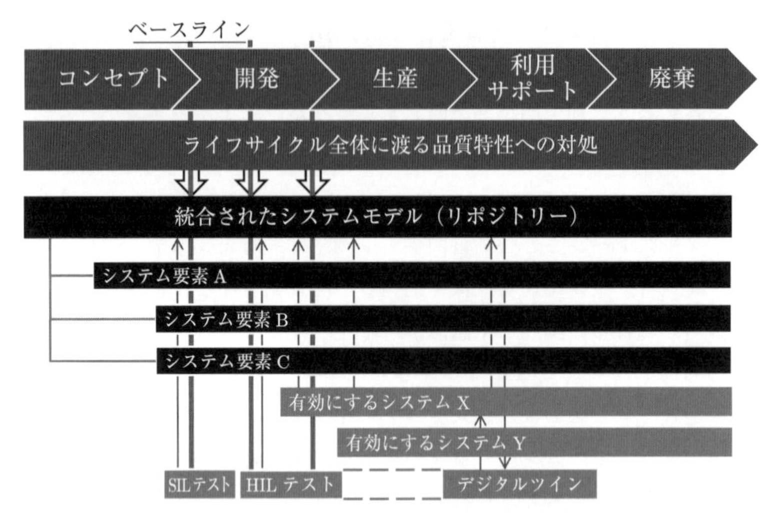

図 **3.19**　ライフサイクル全体に渡るシステムモデルの活用

Ed. の FIGURES 3.1, 3.11, 3.12 を全体としてまとめて描いたものである．ライフサイクル全体に渡って品質特性へ対処する必要のあるシステムズエンジニアリング全体の活動の中で，ベースラインの更新に合わせて作業成果物であるそれぞれのモデルが更新され，それぞれのシステム要素レベルの活動でもアップデートされていく．この活動の中で，モデルリポジトリーを介してモデルを共有することにより，全体の統制を行うことを可能とすることを描いている．

例えば，図 1.5 に示したコネクテッド技術を用いた自動運転システム (ADS: Automated Driving System) の OTA によるシステムの更新という文脈では，これを有効にするシステムとして，コネクテッド技術による OTA での ADS の更新ができる仕組みを用意することとなる．この仕組みの品質特性としては安全性，俊敏性，セキュリティが求められると考えられ，例えば ADS が運用環境中での安全性を確保できていないことを検出した場合，速やかに安全でセキュアに ADS の更新を行えるようにする必要がある．このためには運用環境を再現する，いわゆるデジタルツイン[W.9]を実現するテストシステムを用意する必要がある．利用ステージで，運用環境中での安全性の確保ができているかどうかのモニタリングを行い，もし許容できないリスクが観測または予測される場合には運用環境中と同じ環境をデジタルツインとして構成し，同じ状況を再現できるようにすることが求められる．また，DevOps ではスピードが重要とされるため，人が関与しないで自動化できるようにする仕組みを用意することも重要である[S.4]．さらにOTAでのADS更新時には更新データの改ざんなど，サイバー攻撃への対処も必要となる．

モデルリポジトリーの利用としては，従来から用いられるSIL(Software-in-the-loop) テスト, HIL(Hardware-in-the-loop) テストに用いられているシミュレーションモデルの中から利用できるモデルを再利用，あるいは改修することが考えられる．さらにテストシステムの構成をモデルリポジトリーにあるシステム記述モデルをもとに検討することも可能となる．これを実現するには，モデルリポジトリーにある複数のモデルに一貫性をもたせておくことが必須であり，このためにはベースラインのバージョン管理が重要になってくる．先の例では，デジタルツインのモデルが更新された場合に，バージョンにこれを反映しておくことで，次の更新に向けての対応ができるようになる．さらに，例えばOEM(Original Equipment Manufacturing) とTier1（最上位階層）サプライヤー間で組織をまたいでツール間連携を行う中でモデルリポジトリーの運用を実施する場合，秘匿するべきものをブラックボックスとして扱えるよう，外部インタフェースを用意してシミュレーションに繋がるようにしておくことが求められる[A.3]．

3.3　製品の安全性を確保するための記述モデルの適用

3.3.1　自動車用安全規格に基づく車載システム開発

自動車は，安全にかつ快適に人および荷物をある場所から定められた場所へ運ぶ役割をもっている．この役割を果たす中でさまざまな機能性を実現するために自動車にはさまざまなシステムが搭載されている．これらのシステム開発は，機械，電気／電子などのハードウェア，制御／情報などのソフトウェアの複数分野にまたがることになるため，システムズエンジニアリングのアプローチを用いることが有効となる．これらのシステムの開発では，システムに要求される機能，性能の他，安全性および快適性などの品質特性，コストおよび納期などの制約を満たし，開発中の致命的な手戻りを防ぎ，なおかつ市場での不具合の発生を防ぐことが強く求められている．

四輪車に搭載される電気／電子システムの機能不全（システムの故障およびプロセスの不備）に対する安全性確保を目的とし，自動車用機能安全規格

ISO 26262 の初版が 2011 年に発行された．2018 年には規格の適用範囲が二輪車，トラックおよびバスに拡大された第 2 版[S.11]が発行されている．この規格は，電気／電子システムの安全ライフサイクルである，開発，生産，運用，サービスおよび廃棄で実施される安全活動に対して機能安全の規格要件を提供している．すなわち，電気／電子システムに故障があった場合にも，乗員および他の道路利用者が受容できない危険に晒されないようにするための安全規格である．ISO 26262 には，電気／電子システムが機能不全に陥った際のシステムの振る舞いが車両の安全性を脅かす度合いに応じて，4 つの自動車用安全度水準 (ASIL: Automotive Safety Integrity Level) の規格要件（ASIL A～D）が規定されている．システム故障を原因とした安全性を脅かす度合いが最も高い電気／電子システムには，ASIL D が割り当てられ，最も厳しい安全性の規格要件が課せられる．電気／電子システムの機能不全にこれらの安全度水準を適用し，安全度水準に応じた規格要件に適切に対処することで，車両の安全性を確保することが可能となる．これらの規格要件には，機能安全の設計と評価に必要なプロセス，文書化，およびアセスメントに関する要求が含まれている．

ISO 26262 の他にも意図した機能の安全性確保を目的とした安全規格 ISO 21448[S.2](SOTIF: Safety Of The Intended Functionality) が 2022 年に発行されている．ISO 26262 がシステムの故障による危険事象の発生防止を目的とした安全規格であるのに対して，SOTIF はシステムが故障していなくとも意図しない振る舞いによる危険事象の発生防止を目的とした安全規格である．SOTIF には，機能的不十分性（仕様の不十分性，性能の不十分性，または合理的に予見可能なミスユースを含む）に起因する不合理なリスクがないことを確実にするための要求が含まれている．

SAE 基準レベル 4[S.15]以上の自律走行車を対象とする安全規格としては，自動運転車を含む自律型製品一般の安全規格 ANSI/UL 4600 の初版が 2020 年に発行されている．2022 年には，セーフティケース，故障，ハザード（危険），リスク，アセスメントなどに関する規格要件の改訂および用語の更新がなされた第 2 版が発行され，さらに 2023 年には自動運転トラックに関する安全性の支援が強化された第 3 版[S.16]が発行されている．セーフティケースとは，対象製品の合理的な安全の達成を論証するための証拠となるドキュメント一式である．ANSI/UL 4600 は自律型製品の安全論証に必要となるセーフティケースを規格要件として定義している点が特徴的である．ISO 26262 およびSOTIF では安全活動による作業成果物一式をセーフティケースと位置付けているのに対し，ANSI/UL 4600 では，ほぼすべての規格要件でセーフティケースを要求している．

車両に搭載される電気／電子システムを安全活動に基づき開発する重要性はますます高まっており，自動車メーカー，サプライヤー，および自動車関連企業にとってのISO 26262，SOTIF およびANSI/UL 4600 は，非常に重要な国際標準規格となっている．

3.3.2 車載システムの安全分析

車両に搭載される電気／電子システムの安全性を確保するためには，システムの機能不全および意図した機能の不十分性に関連する安全の侵害リスクをアセスメントし，受容可能なリスク水準に低減するための安全方策をシステムに実装する安全活動が必要である．これらの安全活動を実施する際に特に重要となるのが，対象システムのアーキテクチャを用いた安全分析である．安全分析の質はアーキテクチャの質に左右されると言っても過言ではなく，安全分析アクティビティの結果として適切な分析結果を出力するためには，入力となるアーキテクチャの質が極めて重要である．

車両に搭載される大半のシステムは，過去に開発された市場実績のある既製品，または既製品をベースに開発した派生製品であることが多い．既製品をベースとした開発は，ボトムアップ的なアプローチで開発を進めることがある．この場合，開発経験のあるエンジニアは頭の中にある専門的技量による暗黙知に基づき，単独で対象システムの安全分析を実施してしまいがちである．また，グループの中で専門家がもつ暗黙知を形式知化している場合にも，構成要素の構造的な繋がりのみを表す図が安全分析に用いられていることが多い．このような不十分な安全分析に基づく安全設計の実装により，検証および妥当性確認の段階になって不具合が露呈することは少なくない．

前述したとおり，安全分析の質はアーキテクチャの質に左右されるため，頭の中にある暗黙知をアーキテクチャ記述として適確に形式知化することが重要となる．分散開発での各組織が担うシステム階層の担当者，あるいは単一組織内の各部門が担うシステム階層の担当者は，対象システムについて適切な粒度で段階的に詳細化しアーキテクチャ定義を行う際に，SysML[S.17] などの

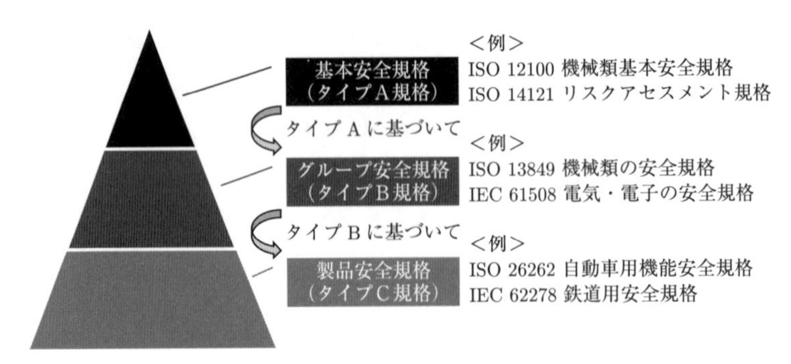

図 **3.20　ISO/IEC Guide 51** に基づく安全に関する **3** 階層の規格構造

モデリング言語を用いてシステムモデルを記述することが求められる．これにより，曖昧なモデル記述を回避でき，関係者間で互いに共通の理解が促進される．

3.3.3 安全規格ISO/IEC Guide 51と自動車用機能安全規格ISO 26262

ISO/IEC Guide 51:2014[S.18]は，人，財産，環境，またはこれらの組合せを保護するために，機械，電気，化学，医療などの多様な分野で安全に関する規格作成を行う者へ，その指針および枠組みを提供する規格である．図3.20はISO/IEC Guide 51に基づく安全に関する規格構造であり，自動車用機能安全規格のISO 26262はこの中で3階層目に位置する製品安全規格の一つである．

ISO/IEC Guide 51:2014では“safety”を“freedom from risk which is not tolerable”と定義しており，その日本語訳であるJIS Z 8051:2015[S.19]では「安全」を「許容不可能なリスクがないこと」としている．許容できないリスクがない安全な状態は，危害を引き起こすおそれがあると思われる危険から守られている状態である[S.18][S.19]．安全を脅かす一連の流れは，“hazard”：「危険」→“hazardous event”：「危険事象」→“harm”：「危害」と遷移する．すなわち，危害の潜在的な源である「危険」から，「危険事象」を経て，人への「危害」に至る．これら3つの用語のJIS Z 8051:2015の定義と，自動車ブレーキシステムの具体例を表3.2に示す．

JIS Z 8051:2015での安全の定義（許容不可能なリスクがないこと）を車両

表 **3.2** 危険関連の **JIS Z 8051:2015** の定義

用語	Term	定義	例
危険	hazard	危害の潜在的な源	走行車両のブレーキシステムに故障が発生した
危険事象	hazardous event	危害を引き起こす可能性がある事象	ブレーキシステムに故障が発生している車両は，高速道路の走行車線を時速 100 km/h で走行しており，その直前には，追い越し車線を走行していた車両が突然車線変更して割り込んできた
危害	harm	人への傷害もしくは健康障害，または財産および環境への損害	追い越し車線から走行車線の前方に割り込んだ車両に走行車線を走行中の車両が追突して双方の搭乗者が傷害を負う

に搭載される電気／電子システムが達成していることを論証するために，ISO 26262 の規格要件に準拠したセーフティケースをもって安全論証を行う．ISO 26262:2018 は Part 1～12 により構成され，システムライフサイクル全般をカバーしている．

ISO 26262 での機能安全の構想，設計，検証に関わる安全活動には，対象システムの要求とアーキテクチャの定義が必要であり，そのプロセスは「要求の分析と定義 (RA&RD: Requirements Analysis and Requirements Definition)」，「アーキテクチャの設計と定義 (AD&AD: Architecture Design and Architecture Definition)」，「ハザードの分析 (HA: Hazard Analysis) ／安全の分析 (SA: Safety Analysis)」から構成される．図 3.21 は，安全活動で生成される各作業成果物の段階的な詳細化を 3 次元イメージの安全設計階層モデルとして示している．最上位の安全ゴールが，適切かつ確実に実装されていることを説明するためには，各レベルの「RA&RD」，「AD&AD」，「HA/SA」で生成された各作業成果物間の双方向の水平トレースと垂直トレースを確保することが必要である．図 3.21 に示す 3 次元のトレーサビリティを構築することで，安全論証に役立てることができる．

前述した 3 つの重要なプロセス (RA&RD, AD&AD, HA/SA) の実行の流れを，図 3.22 に示す上位 2 階層の安全設計階層モデル中の [1]～[9] の流れに

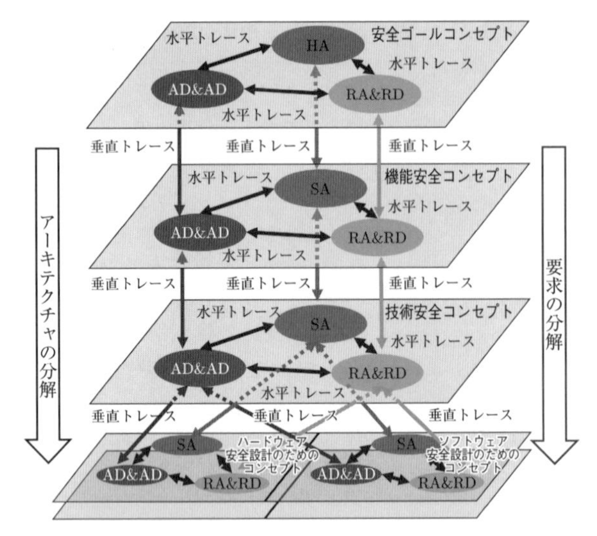

図 **3.21**　安全設計階層モデル

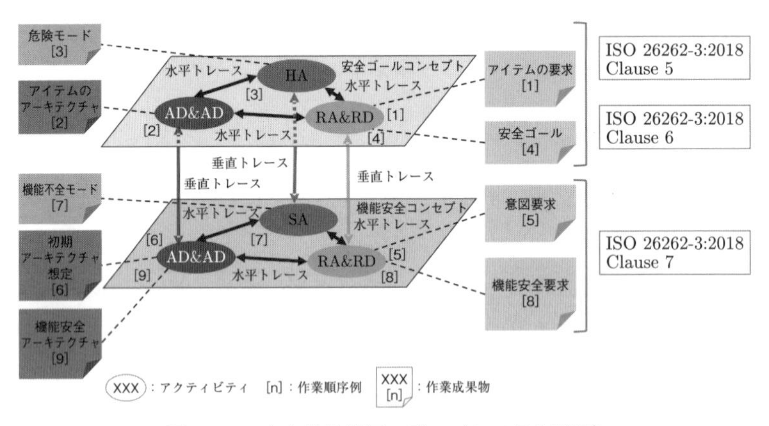

図 **3.22**　安全設計階層モデル（システム階層）

沿って説明する．図 3.22 に示す上位階層の安全ゴールコンセプトでは，Part 3 の「Clause5：アイテム定義」に基づき，利害関係者要求を分析してアイテムの要求（機能要求および非機能要求）[1] およびアイテムのアーキテクチャ [2] を定義する．次に「Clause6：ハザード分析およびリスクアセスメント」に基づき，アイテムの機能不全が引き金となるハザード [3] を分析して特定し，危険事象の発生を防止または緩和するための安全ゴール [4] を定義する．

機能安全コンセプト階層では Part 3 の「Clause7：機能安全コンセプト」に

基づきアイテムの要求を分析してシステムの意図要求 [5] を定義する．次にアイテムのアーキテクチャ [2] をもとにシステムアーキテクチャ設計 [6] を定義し，システムの意図要求 [5] をシステムアーキテクチャ設計 [6] に配置した上で安全分析を実施する．さらに安全分析によって機能不全モード [7] を特定し，安全ゴールの侵害を防止するための機能安全要求 [8] を定義する．機能安全要求 [8] に基づいた安全機構をシステムアーキテクチャ設計 [6] に追加して機能安全アーキテクチャ [9] を定義する．

さらに下位階層に向けての段階的な詳細化を継続していく．すなわち，Part 4 に基づいた技術安全コンセプトを定義した上で，Part 5 に基づくハードウェア安全設計のためのコンセプト定義，Part 6 に基づくソフトウェア安全設計のためのコンセプト定義を進めていく．このようにして，各階層で安全活動の核となる作業成果物「要求」，「アーキテクチャ」，「機能不全モード」が生成される．ただし，適切な分析結果を得るためのハザード分析および安全分析をいかにして的確にやり切るかが重要となる．ハザード分析および安全分析に漏れがあると，システムに必要な安全方策を十分に施すことができず，その結果，開発後半の検証や妥当性確認を行う段階で不具合が露呈し，結果的に大きな手戻りが発生することになる．

3.3.4 システムモデルを用いた安全分析

対象システムの安全分析の事例として車両に搭載されるパーキングブレーキを取り上げ，図 3.22 の [5]～[7] の流れに沿ってシステムモデルに基づく安全分析を行う[NP.2]．分析の観点としては，モノが壊れる事象（ランダムハードウェア故障）だけでなく，ヒューマンエラーによる仕様および設計の不備，ならびにプロセスの不順守といった事象（システマチック故障）を含んだ機能不全を対象とし，各構成要素の出力段の振る舞いを体系的に分析する一つの手法として HAZOP (Hazard and Operability Studies) を用いることで分析の網羅性を高めることとする．

(1) 電動式パーキングブレーキの構成と機能

パーキングブレーキとは，車両を意図した位置に駐車した際に，駐車した位置から車両が意図せず動くことがないように停車状態（タイヤの回転を止める状態）を維持させるための装置である．ここではステッキ式，レバー式，

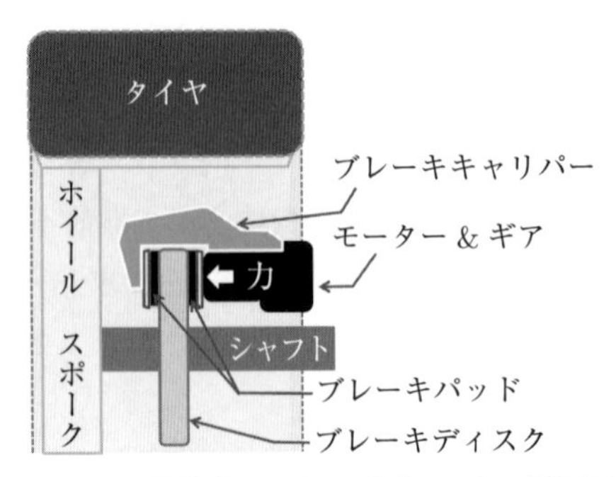

図 **3.23**　電動式パーキングブレーキの断面図

足踏み式の機械式に替わり，近年普及している電動式のパーキングブレーキ (EPB: Electronic Parking Brake) を取り上げる．EPB の断面図を図 3.23 に示す．

EPB は，ブレーキキャリパーにモーターとギア（歯車）を装備し，ブレーキディスクを押し挟むための力をブレーキパッドに与える．これによりブレーキディスクを固定し，車両を駐車するためのブレーキ荷重が発生する．駐車ブレーキを作動および解除するための操作方法として，「スイッチの操作で駐車ブレーキを作動および解除する機能」ならびに「アクセルを踏む操作で駐車ブレーキを解除する機能」を備えるものとする．

(2) HAZOP (Hazard and Operability Studies)

HAZOP は 1960 年代に英国 Imperial Chemical Industries Ltd. が自社開発の化学プロセスを対象として，潜在する危険を漏れなく抽出し，それらの影響および結果を評価して，必要な安全方策を施すことを目的に開発された手法である．1970 年代に英国の化学産業協会から HAZOP ガイドラインが発行されたのを機に，危険な事象に至るリスクを分析するための故障，失敗，障害を抽出する手法の一つとして 1980 年代に世界的に広まった．分析の対象物を単純な構成要素に分解し，構成要素の振る舞い（処理の順序，頻度など）および特性（温度，圧力，流量，時間などの物理量）を表すパラメータが適切な値（正常値）からずれた場合に，その影響として危険事象に繋がるかを分析する．

HAZOP はシステム動作状態の「設計意図からのずれ」，すなわちプロセスの異常に着目し，考えられるすべてのずれを事前に把握し，ずれの発生自体を防止するか，ずれによる危険事象への移行を阻止することで安全を維持できる

表 3.3 **HAZOP** ガイドワード

No.	タイプ	ガイドワード	意味
1	Existence【存在】	No【無視】	意図したことができない
2		Reverse【逆転】	意図したこととは逆になる
3		Other than【別の事象】	意図したこととは別のことが起こる
4	Amount【量】	More【量的増加】	意図した量より多くなる
5		Less【量的減少】	意図した量より少なくなる
6	Quality【質】	As well as【質的過多】	意図した質より過剰となる
7		Part of【質的不足】	意図した質より不足する
8	Timing【時】	Early【早い】	意図したタイミングより早くなる
9		Late【遅い】	意図したタイミングより遅くなる
10	Period【期間】	Before【短い／事前】	意図した期間より短くなる
11		After【長い／事後】	意図した期間より長くなる

との考え方に基づいている.「設計意図からのずれ」を漏れなく抽出するために，表 3.3 に示す IEC 61882:2016[S.20] に定義された 11 のガイドワードを用いる．HAZOP による分析は，専門分野の異なるメンバーにて実施することでより効果的な分析になると言われている.

(3) EPB 統合システムのコンテキストに関するモデル記述

EPB システム (EPB system) を対象システムとして，その安全分析を実施するにあたり，EPB システムを取り巻く外部システムとの関係を SysML のブロック定義図を用いて図 3.24 に示す．EPB システムを搭載する車両 (Vehi-

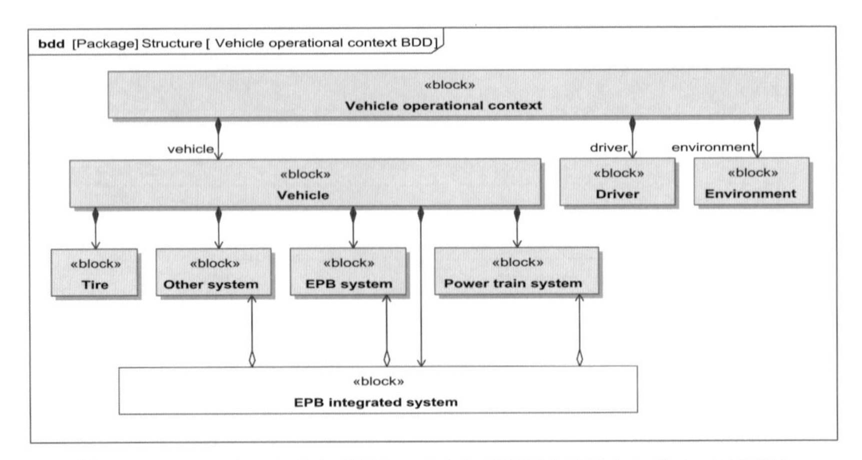

図 **3.24　EPB** システムと外部システムとの関係を定義するブロック定義図

cle) および環境 (Environment) とドライバー (Driver) から構成される車両の運用コンテキスト (Vehicle operational context) を定義している．さらに車両は，パワートレインシステム（Power train system, PT システム），EPB システム，その他システム (Other system)，およびタイヤ (Tire) で構成される．

PT システムは，自動車の「走る」機能を担うシステムであり，エンジンおよびトランスミッションなどの駆動系のシステムである．その他システムには，走行している車両をブレーキの制動力で停止させる「止まる」機能の他，ハンドル操作による「曲がる」機能および，インストルメントパネル（計器板）上に車両の状況をドライバーに「通知する」機能をもたせている．先に述べたとおり，EPB システムは駐車用の「駐車する」機能を担うシステムである．

車両運用コンテキストの内部ブロック図を図 3.25 に示す．ドライバーと車両は操作インタフェース (operation if) と視覚インタフェース (visibility if) で繋がり，車両と環境はタイヤ力インタフェース (tire force if) で繋がっていることを構造的に示している．

安全分析の対象である EPB システムは，PT システム，その他システムと連携してユーザーに機能を提供するため，3 つのシステムを集約して EPB 統合システムとする．

EPB 統合システムが有する機能性を図 3.26 のユースケース図に示す．EPB

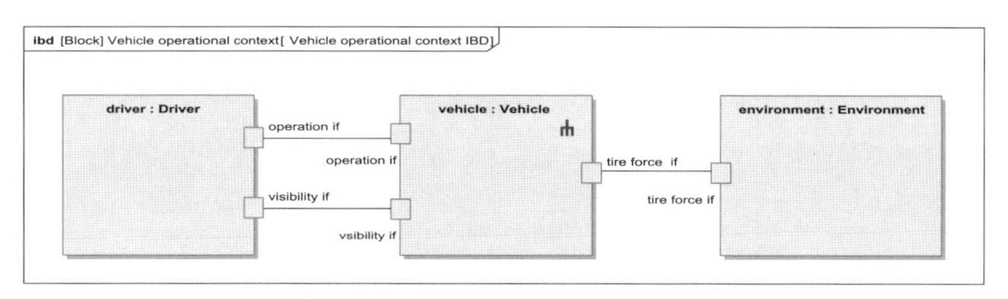

図 **3.25** 車両運用コンテキストの内部構造を表す内部ブロック図

表 **3.4** **EPB** 統合システムが有する機能性

No.	機能性	包含する機能性
1	Apply parking brake 駐車ブレーキを作動する	Apply parking brake with the button switch. ボタンスイッチ操作で駐車ブレーキを作動する.
2	Release parking brake 駐車ブレーキを解除する	Release parking brake with the button switch. ボタンスイッチ操作で駐車ブレーキを解除する.
3		Release parking brake with the accelerator. アクセル操作で駐車ブレーキを解除する.

統合システムは，ドライバーの手動操作により，機能性「駐車ブレーキを作動する (Apply parking brake)」および「駐車ブレーキを解除する (Release parking brake)」をドライバーに提供する．駐車ブレーキを作動する機能性および駐車ブレーキを解除する機能性は，タイヤおよび環境と関連をもつ．また，駐車ブレーキを作動する機能性には，機能性「ドライバーのボタンスイッチ操作により駐車ブレーキを作動する (Apply parking brake with the button switch)」が含まれる．駐車ブレーキを解除する機能性は，機能性「ドライバーのボタンスイッチ操作によって駐車ブレーキを解除する (Release parking brake with the button switch)」および「ドライバーのアクセル操作によって駐車ブレーキを解除する (Release parking brake with the accelerator)」機能性が含まれる．ドライバーに提供される EPB 統合システムの機能性を表 3.4 にまとめた．

(4) EPB 統合システムの構造のアーキテクチャビューに基づく安全分析

EPB 統合システムの構成要素である EPB システムの安全分析を実施する

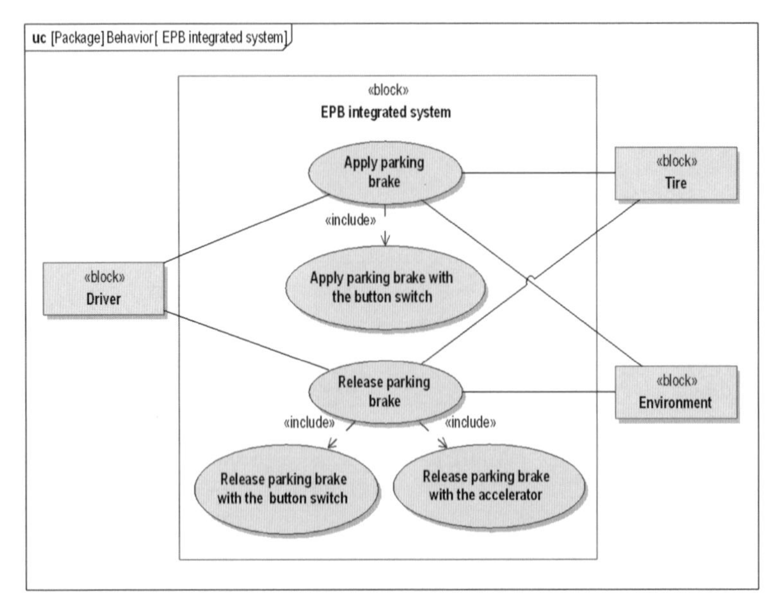

図 **3.26**　**EPB** 統合システムの機能性を表すユースケース図

ため，ここでは，構造のアーキテクチャビューである EPB システムのコンテキストレベルの内部ブロック図（図 3.27）を用いる．そして，上りの坂道での車両停止中の場合について，表 3.4 の機能性 No.3「アクセル操作で駐車ブレーキを解除する」を対象に安全分析を実施する．EPB 統合システムの構成要素である EPB システムの機能不全が車両挙動にどのような影響を与え，どのような危険事象に至るかを HAZOP 手法にて分析する．

図 3.27 では，ドライバーの操作を受ける操作インタフェース (operation if) と PT システムのアクセル操作インタフェース (acceleration operation if) が繋がり，さらに，ドライバーの EPB 作動スイッチ操作を受ける操作インタフェースと EPB システムの EPB 操作インタフェース (EPB operation if) が繋がっていることが示されている．また，PT システムから EPB システムへは，駐車ブレーキの解除情報を伝達する EPB 解除指令インタフェース (EPB release instruction if) が繋がっている．PT システムおよび EPB システムは，それぞれ駆動力を伝達する駆動力インタフェース (driving force if) およびブレーキ力を伝達するブレーキ力インタフェース (braking force if) でタイヤに繋がっている．

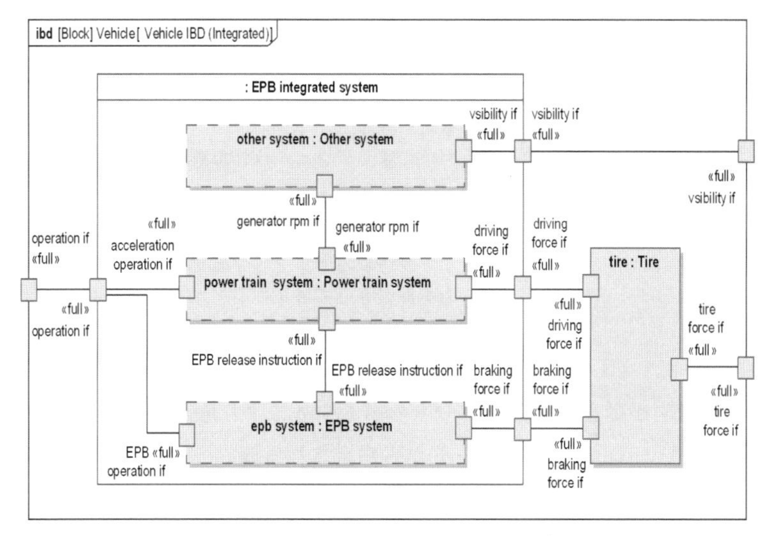

図 3.27 Vehicle の内部構造を表す内部ブロック図

上りの坂道での車両停止中の場合に，ドライバーがアクセル操作を行うと，この情報を受けたPTシステムから駐車ブレーキの解除情報がEPBシステムへ伝達され，タイヤに対する駐車ブレーキ力の解除が行われる．また，ドライバーがEPBのボタンスイッチで解除操作した場合には，EPBシステムへEPBスイッチ情報が伝達され，タイヤに対する駐車ブレーキ力の解除が行われる．ドライバー操作を起点としたこの一連の繋がりの中で，EPBシステムのブレーキ力インタフェースから出力される駐車ブレーキ力に着目する．そして，駐車ブレーキ力の設計値からのズレ（偏差）を表3.3のHAZOPガイドワードに基づいて想定し，そのズレが車両挙動にどのような影響を及ぼし危険事象に至るのかを分析する．

車両が上りの坂道での車両停止中のEPB統合システムおよびEPBシステムの機能性を表3.5に示す．なお，この安全分析では，表3.3 HAZOPガイドワードのQualityタイプについては，意図した質の過剰／不足を想定できないため，これを除外している．

表3.5の機能性に対し，構造のアーキテクチャビュー（図3.27）を用いた安全分析の結果を表3.6に示す．No/Reverse/Less/Late/Beforeのガイドワードから想定される機能不全としては「駐車ブレーキ力の出力が意図に反して減衰しない（駐車ブレーキを解除しない）」となり，その状態で駆動力の発

表 3.5　坂道での車両停止中の EPB 統合システムおよび EPB システムの機能性

ブロック	機能性
EPB 統合システム (EPB integrated system)	坂道に停車した車両の駐車ブレーキをドライバーによるアクセル操作で解除する.
EPB システム (EPB system)	ドライバーによるアクセル操作指示を受け取ったPT システムから駐車ブレーキ解除指示を受け取ると，タイヤに出力するブレーキ力を減衰させて駐車ブレーキを解除する.

生により車両が動き出すとブレーキの引き摺りにより危険事象に至ることになる．Other than のガイドワードから想定される機能不全としては「駐車ブレーキ力の出力が意図に反して減衰する（駐車ブレーキを解除する)」となり，その状態で車両が動き出すと危険事象に至ることになる．表 3.6 の危険事象に至る列には，車両が危険事象に至ることを「✓」で示している．

(5) 構造と振る舞いのアーキテクチャビューに基づく安全分析

構造と振る舞いのアーキテクチャビューに基づき，EPB 統合システムの構成要素である EPB システムに対して安全分析を実施する．車両停止中シーンと機能性は (4) と同様とする．

EPB 統合システムの構成要素である EPB システムの振る舞いを分析するため，EPB システムのコンテキストレベルでの振る舞いを図 3.28 のアクティビティ図に示す．図 3.24 のブロック定義図で Vehicle の構成要素として定義したEPB システム，PT システム，その他システム，タイヤの各パートが図 3.28 のアクティビティ図のスイムレーンに《allocate》で割り当てられている．

ドライバーがEPB 作動スイッチで駐車ブレーキの解除操作をすると，アクティビティパラメータノードである EPB 操作インタフェース (in EPB switch) から解除指示の EPB スイッチ情報が EPB システムのアクション「駐車ブレーキ力を生成する (Generate brake torque of parking brake)」へ伝達され，タイヤに対して駐車ブレーキ力を解除する．EPB スイッチ情報が作動指示の場合には，タイヤに対して駐車ブレーキ力を作動する．

その他システムのアクション「車両状態をドライバーに知らせる (Notify

表 **3.6**　構造のアーキテクチャビューを用いた安全分析の結果

ガイドワード	EPB システムの機能不全モードによる車両挙動と危険事象の分析	危険事象に至る
No	・アクセル操作による駐車ブレーキの解除時に，駐車ブレーキ力の出力が意図に反して減衰しない（駐車ブレーキを解除しない）ため，車両が動き出すとブレーキの引き摺りにより危険事象に至る．	✓
Reverse	・アクセル操作による駐車ブレーキの解除時に，駐車ブレーキ力の出力が意図に反して増幅する（駐車ブレーキを解除しない）ため，車両が動き出すとブレーキの引き摺りにより危険事象に至る．	✓
Other than	・坂道に駐車中の駐車ブレーキ力の出力が意図に反して減衰する（駐車ブレーキを解除する）ため，車両が動き出し危険事象に至る．	✓
More	・アクセル操作による駐車ブレーキの解除時に，駐車ブレーキ力の出力が意図に反して多量に減衰する（駐車ブレーキを解除する）が，車両は危険事象に至らない．	—
Less	・アクセル操作による駐車ブレーキの解除時に，駐車ブレーキ力の出力が意図に反して少量だけ減衰する（駐車ブレーキを解除しない）ため，車両が動き出すとブレーキの引き摺りにより危険事象に至る．	✓
Early	・アクセル操作による駐車ブレーキの解除時に，駐車ブレーキ力の出力が意図に反して早く減衰する（駐車ブレーキを解除する）が，車両は危険事象に至らない．	—
Late	・アクセル操作による駐車ブレーキの解除時に，駐車ブレーキ力の出力が意図に反して遅く減衰する（駐車ブレーキをすぐに解除しない）ため，極端に遅い場合には車両が動き出すとブレーキの引き摺りにより危険事象に至る．	✓
Before	・アクセル操作による駐車ブレーキの解除時に，駐車ブレーキ力の出力が意図に反して短い期間の減衰となる（駐車ブレーキを解除しない）ため，車両が動き出すとブレーキの引き摺りにより危険事象に至る．	✓
After	・アクセル操作による駐車ブレーキの解除時に，駐車ブレーキ力の出力が意図に反して長い期間の減衰となる（駐車ブレーキを解除する）が，駐車ブレーキの解除自体は通常と変わらないため危険事象に至らない．	—

※本分析結果はガイドワードを用いた分析観点の例示である．

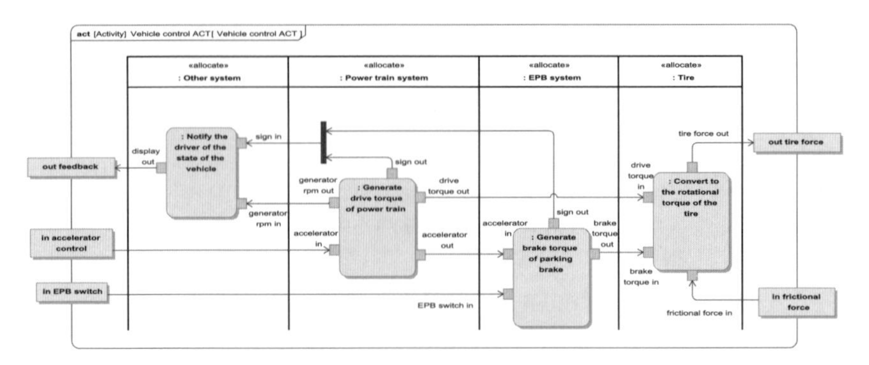

図 **3.28**　**EPB** 統合システムの振る舞いを表すアクティビティ図

the driver of the state of the vehicle)」には，PT システムからの駆動力情報および，PT システムと EPB システムからの故障診断などの情報が伝達される．さらに他システムのアクション「車両状態をドライバーに知らせる」からは，これらの情報がインストルメントパネル（計器板）を通してドライバーに提供される．

上りの坂道での車両停車中に，ドライバーがアクセル操作を行う場合には，アクティビティパラメータノードであるアクセル操作 (in accelerator control) からアクセル開度情報が PT システムのアクション「駆動力を生成する (Generate drive torque of power train)」へ入力され，駆動力の生成を開始すると同時に，EPB システムのアクション「駐車ブレーキ力を生成する」へアクセル On 情報（駐車ブレーキ解除情報）が伝達される．駐車ブレーキ解除情報を受けて EPB システムのアクション「駐車ブレーキ力を生成する」からタイヤに対して駐車ブレーキ力を解除する．一方で，PT システムのアクション「駆動力を生成する」からタイヤに対して駆動力を伝達する．

タイヤは，アクティビティパラメータノードである外部環境インタフェース (in frictional force) から伝達される路面の摩擦力を用いて，PT システムからの駆動力および EPB システムからの駐車ブレーキ力がアクティビティパラメータノードである外部環境インタフェース (out tire force) を通して路面へ伝達される．

上述のドライバーのアクセル操作によって EPB システムの駐車ブレーキ解除を行う場合には，PT システムのアクション「駆動力を生成する」と EPB システムのアクション「駐車ブレーキ力を生成する」の 2 つの相反するアクションがタイヤへ入力される可能性がある．EPB システムのアクション「駐車ブレーキ力を生成する」のみを単独で分析するだけでは，漏れのない十分な安全分析はできない．PT システムのアクション「駆動力を生成する」と EPB システムのアクション「駐車ブレーキ力を生成する」の相互作用を分析することが必要となる．

図 3.28 に示す PT システムのアクション「駆動力を生成する」と EPB システムのアクション「駐車ブレーキ力を生成する」の相互作用を分析するにあたり，PT システムのアクション「駆動力を生成する」がとる状態遷移を示す図 3.29 のステートマシン図を用いる．この図では駆動力のとる状態を 3 つの状態間の遷移で定義している．すなわち，駆動力を駆動系統に伝達していないアイドリング (No torque) 状態，小さな駆動力を駆動系統に伝達している (Generating small torque) 状態，大きな駆動力を駆動系統に伝達している (Generating large torque) 状態である．

ドライバーがアクセルを踏み込む [Accelerator ON] と，No torque 状態から Generating small torque 状態に遷移し，さらにアクセルの踏み込みを増してアクセル開度が大きくなる [Increase in accelerator opening] と，Generating small torque 状態から Generating large torque 状態に遷移する．Generating small torque 状態または Generating large torque 状態では，アクセル開度一定 [Accelerator opening constant] の場合には各々の状態に留まる．ドライバーがアクセルの踏み込みを緩めてアクセル開度が小さくなると Generating large torque 状態から Generating small torque 状態に遷移し，さらにドライバーがアクセルから足を外してアクセル開度がゼロになると Generating torque 状態から No torque 状態に遷移する．このステートマシン図で定義する Generating small torque 状態の目安は，車両が平地で緩やかに動き出す駆動力量以下としている．ドライバーのアクセル踏み込み [Accelerator ON] による駐車ブレーキ解除の操作は，PT システムのステートマシン図で捉えると，No torque 状態から Generating torque 状態への遷移となる．

ドライバーの操作を起点としたアクティビティ図（図 3.28）の一連のアクションの中で，EPB システムのアクション「駐車ブレーキ力を生成する」の機能不全による出力「brake torque out」の振る舞いに着目し，PT システムのステートマシン図（図 3.29）を考慮に入れて HAZOP ガイドワードによる安全分析を実施した．

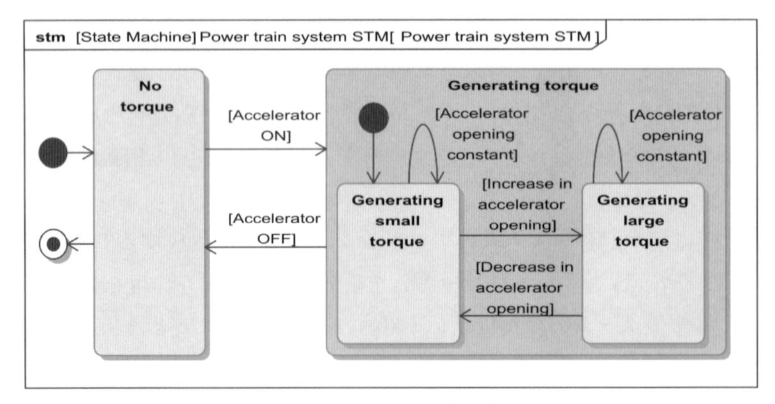

図 **3.29**　**PT** システムのとる状態遷移を表すステートマシン図

表 3.5 の機能性に対し，構造と振る舞いのアーキテクチャビュー（図 3.27～3.29）を用いた安全分析の結果を表 3.7 に示す．HAZOP ガイドワードと PT システムの 3 つの状態 (No torque/Generating small torque/Generating large torque) との組み合わせで分析を行っているため，表 3.7 の列には PT システムの状態列を追加している．

No/Reverse/Less/Late/Before のガイドワードから想定される出力「brake torque out」の機能不全による危険事象は「駐車ブレーキ力の出力が意図に反して減衰しない（駐車ブレーキを解除しない）ため，その状態で車両が動き出すとブレーキの引き摺りによる危険事象」となる．Other than のガイドワードから想定される出力「brake torque out」の機能不全による危険事象は「駐車ブレーキ力の出力が意図に反して減衰する（駐車ブレーキを解除する）ため，その状態で車両が動き出すことによる危険事象」となる．More/Early/Late のガイドワードから想定される出力「brake torque out」の機能不全による危険事象は「駐車ブレーキ力の出力が意図に反して減衰する（駐車ブレーキを解除する）ため，その状態で車両が急発進することによる危険事象」となる．表 3.7 には，危険事象に至る結果のみを示す．

(6) 振る舞いのアーキテクチャビューの重要性

(4) の構造のアーキテクチャビューに基づく安全分析結果と (5) の構造と振る舞いのアーキテクチャビューに基づく安全分析結果を比べると，振る舞いのアーキテクチャビューを追加した安全分析では，構造のアーキテクチャビュー

表 3.7 構造と振る舞いのアーキテクチャビューを用いた安全分析の結果

ガイドワード	Power train システムの状態	EPB システムの機能不全モードによる車両挙動と危険事象の分析	危険事象に至る
No	Generating large torque	・アクセル操作による駐車ブレーキの解除時に，駐車ブレーキ力の出力が意図に反して減衰しない（駐車ブレーキを解除しない）ため，駆動力が大きいと車両が動き始め，ブレーキの引き摺りにより危険事象に至る．	✓
Reverse	Generating large torque	・アクセル操作による駐車ブレーキの解除時に，駐車ブレーキ力の出力が意図に反して増幅する（駐車ブレーキを解除しない）ため，駆動力が大きいと車両が動き始め，ブレーキの引き摺りにより危険事象に至る．	✓
Other than	No torque	・坂道に駐車中の駐車ブレーキ力の出力が意図に反して減衰する（駐車ブレーキを解除する）ため，車両が動き出し危険事象に至る．	✓
More	Generating large torque	・アクセル操作による駐車ブレーキの解除時に，駐車ブレーキ力の出力が意図に反して多量に減衰する（駐車ブレーキを解除する）ため，駆動力が大きいと車両が急発進して危険事象に至る．	✓
Less	Generating large torque	・アクセル操作による駐車ブレーキの解除時に，駐車ブレーキ力の出力が意図に反して少量だけ減衰する（駐車ブレーキを解除しない）ため，車両が動き出すとブレーキの引き摺りにより危険事象に至る．	✓
Early	Generating large torque	・アクセル操作による駐車ブレーキの解除時に，駐車ブレーキ力の出力が意図に反して早く減衰する（駐車ブレーキを解除する）ため，駆動力が大きいと車両が急発進して危険事象に至る．	✓
Late	Generating large torque	・アクセル操作による駐車ブレーキの解除時に，駐車ブレーキ力の出力が意図に反して遅く減衰する（駐車ブレーキをすぐに解除しない）ため，極端に遅い場合には車両が動き出すとブレーキの引き摺りにより危険事象に至る． ・アクセル操作による駐車ブレーキの解除時に，駐車ブレーキ力の出力が意図に反して遅く減衰する（駐車ブレーキをすぐに解除しない）ため，駐車ブレーキの解除時に駆動力が極端に大きくなっていると車両が急発進して危険事象に至る．	✓
Before	Generating large torque	・アクセル操作による駐車ブレーキの解除時に，駐車ブレーキ力の出力が意図に反して短い期間の減衰となる（駐車ブレーキを解除しない）ため，駆動力が大きいと車両が動き始め，ブレーキの引き摺りにより危険事象に至る．	✓

※本分析結果はガイドワードを用いた分析観点の例示である．

だけでは抽出することができなかった危険事象を抽出できていることがわかる．構造のアーキテクチャビューのみを用いた安全分析にて開発を進めた場合には，V字開発モデルの右側で実施する検証および妥当性確認の段階で不具合が顕在化する可能性が高まると考えられる．このような手戻りの発生を未然に防ぐためには，構造のアーキテクチャビューのみならず，振る舞いのアーキテクチャビューを安全分析に用いることが必要である．これにより，V字開発モデルの左側で実施する安全分析の質を高めることが可能となり，リーンな開発の実践が期待できる．

第4章
システム記述モデルの実践的な適用事例

4.1 現行システムの改良開発

既存の現行システムをもとに，新たな価値や機能性を追加するために改良を施す，いわゆる改良開発はさまざまな産業分野で実践されている．このような場合に，現行システムに対して定義された要求およびアーキテクチャをもとに改良すべき部分を明確にすることは，改良開発での手戻りを減らして効率化することができ，最終的に改良を成功に導くために有効と考えられる．

ここでは，自動車のパワーバックドアシステム (PBDS: Power Back Door System) の改良開発[NP.3]を取り上げる．現行 PBDS は，インテリジェントキー (I-Key) に備わっているボタンを操作することで遠隔からバックドアを開閉する機能を有する．この現行 PBDS に対する改良開発では，I-Key をもつユーザーに対するおもてなし機能と同ユーザーの足によるバックドア開閉操作を可能にする機能を追加することとしている．現行 PBDS のモデル記述をもとに，新たな機能を追加して改良した新 PBDS のモデル記述を行う．

図 4.1 のパッケージ図には，現行 PBDS のシステムモデル (As-Is model) と改良開発で必要となる OSBDS (One Step Back Door System) のシステムモデル (OSBDS model) のパッケージを表している．それぞれのパッケージ内にモデル要素があり，改良開発では As-Is model 内にある既存のモデル要素を活用して OSBDS model 内に追加のモデル要素をまとめている．

現行 PBDS のコンテキスト (Current PBDS Domain) の構成を表すブロック定義図を図 4.2 に示す．外部システムとしてユーザー (User) と I-Key が定義されており，現行 PBDS (Current Power Back Door System) はバックドアの開閉機構を含むバックドアシステム (Back Door System) とボディコント

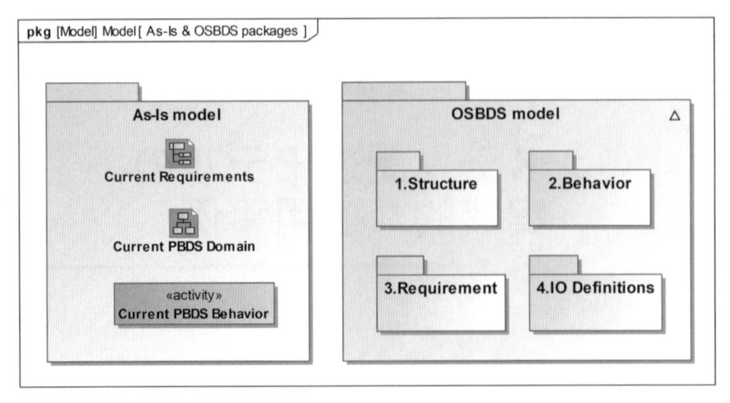

図 **4.1**　改良開発に必要なシステムモデルのパッケージ図

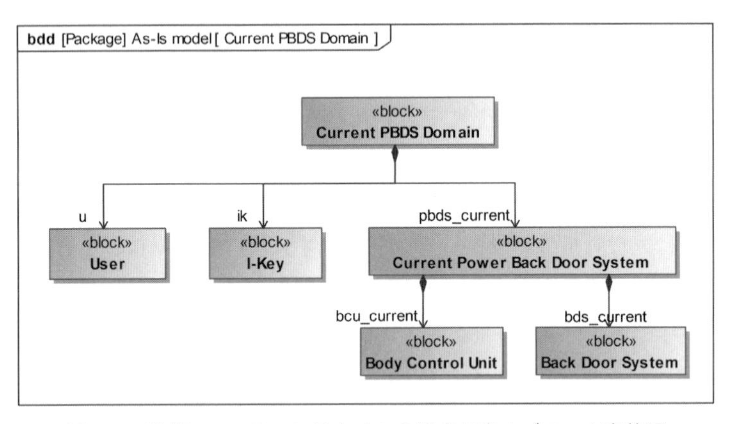

図 **4.2**　現行 **PBDS** コンテキストの構成を表すブロック定義図

ロールユニット (Body Control Unit) から構成される．

図 4.3 のシーケンス図には現行 PBDS のコンテキストの振る舞いを表す．I-Key をもつユーザーはバックドアが閉まっていることを目視で確認 (Confirm Back Door Close) し，I-Key 操作が可能なエリアに入る (Walk in available area) と I-Key に対してバックドアを開く操作 (Back Door Open) をし，I-Key からバックドアを開く信号 (Back Door Open Signal) が送信され，これを受けた現行 PBDS はバックドアを開く (Open Back Door)．バックドアが開いたこと (Appearance of Back Door Open) をユーザーが認識するとバックドア内に荷物を置き (Put luggage)，I-Key に対してバックドアを閉じる操作 (Back Door Close) をし，I-Key からバックドアを閉じる信号 (Back Door

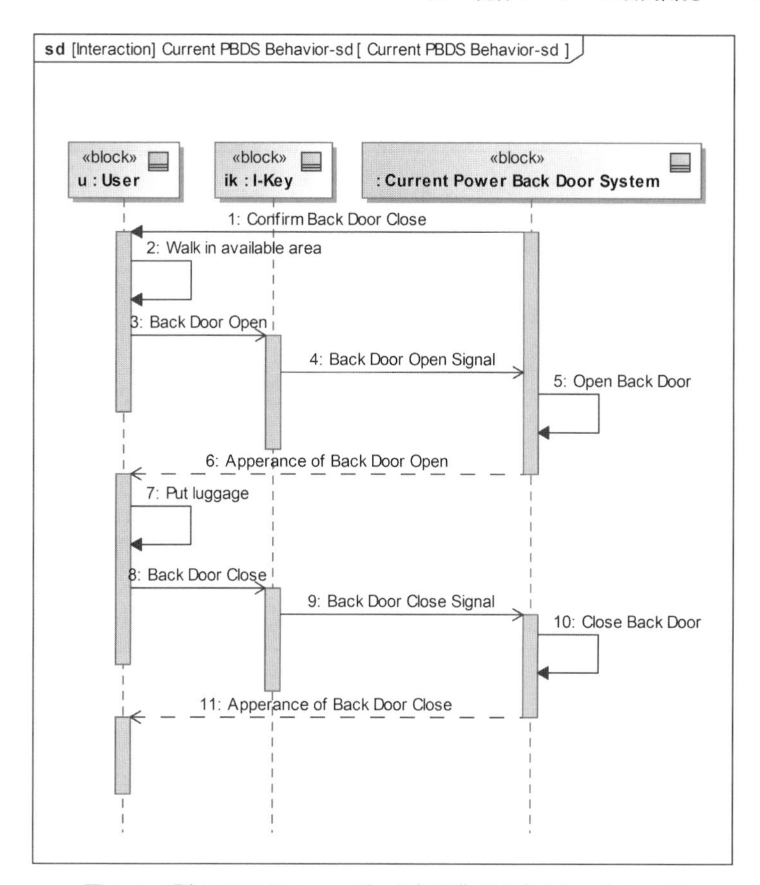

図 **4.3** 現行 **PBDS** とユーザーの相互作用を表すシーケンス図

Close Signal) が送信され，これを受けた現行 PBDS はバックドアを閉じる (Close Back Door)．そして，ユーザーはバックドアが閉じたこと (Appearance of Back Door Close) を認識する．

図 4.3 に示したシーケンス図に基づき，現行 PBDS のコンテキストレベルでの振る舞いを機能フローとして表すため，アクティビティ図に記述した（図 4.4）．ここでは，現行 PBDS (Current Power Back Door System) の構成要素であるバックドアの開閉機構を含むバックドアシステム (Back Door System) とボディコントロールユニット (Body Control Unit) の機能フローを明確にしている．操作が可能なエリア内に入ったユーザーがもつ I-Key からボディコントロールユニットが I-Key 信号 (I-Key Signal) を受け取るとアクシ

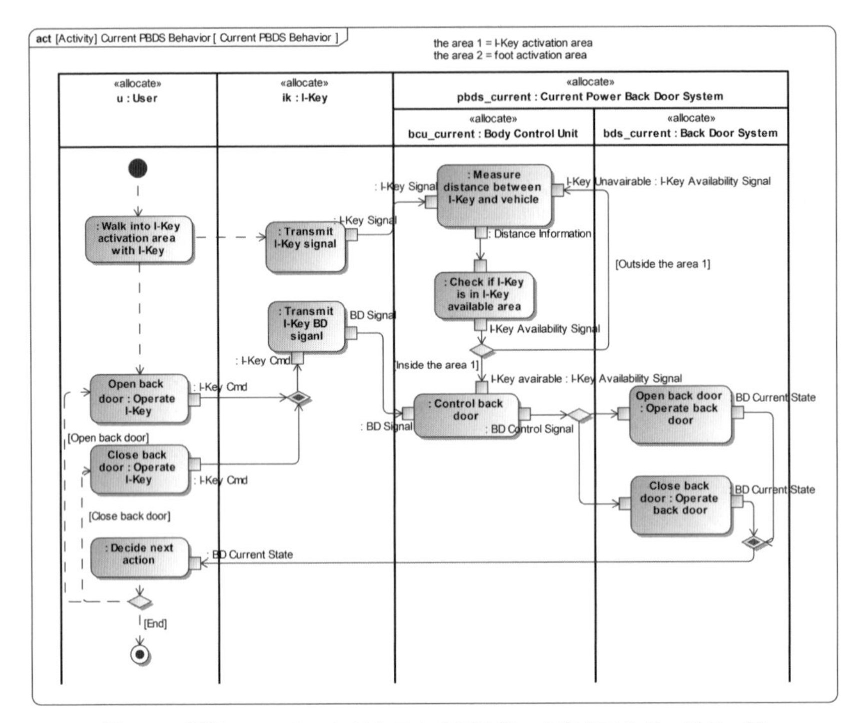

図 **4.4**　現行 **PBDS** コンテキストの振る舞いを表すアクティビティ図

ョン「I-Keyと車両との距離を測る (: Measure Distance between I-Key and Vehicles)」が距離情報 (Distance Information) を出力し，アクション「I-KeyがI-Key操作可能エリア（エリア1）にあるか否かを確認する (: Check if I-Key is in I-Key available area (area 1))」でエリア1内であれば，アクション「バックドアを制御する (: Control Back Door)」がI-Keyがエリア1内にあることを示す信号 (I-Key available: I-Key Availability Signal) を受け取る．さらにユーザーによるバックドアの開閉操作の信号 (BD Signal) を受け取ることにより，バックドアをコントロールする信号 (BD Control Signal) をバックドアシステムへ入力し，バックドアシステムがバックドアの開閉操作 (Open/Close back door: Operate back door) を行う．I-Keyがエリア1外であれば，アクション「I-Keyと車両との距離を測る」に戻る．またユーザーはバックドアの状況を見てその次のアクションを決める．例えば，バックドアが開いている場合には，バックドアを閉める操作をすることになる．

ここまでに示した現行PBDSに対して，新しいPBDS (New PBDS) では

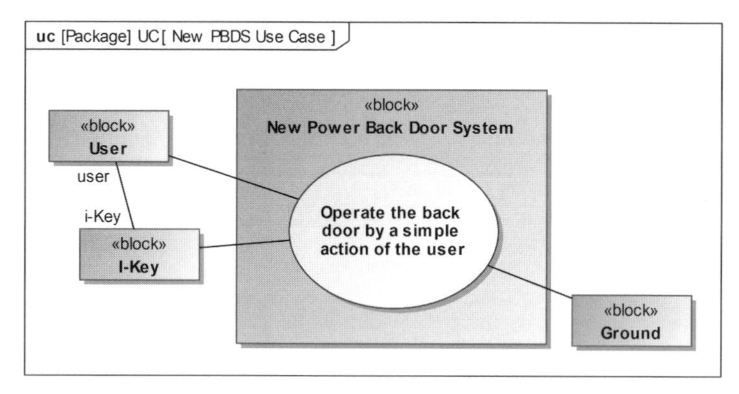

図 **4.5** 新しい **PBDS** のユースケース図

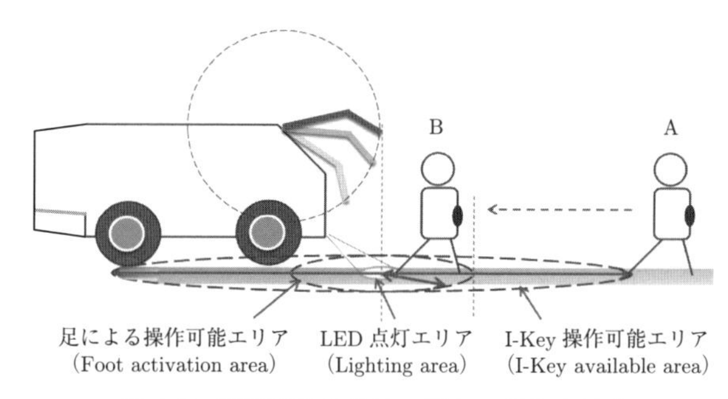

図 **4.6** 新 **PBDS** のユースケースシナリオ

「ユーザーのワンアクションの自然な動作によりバックドアの開閉をできるようにしたい」という利害関係者（ユーザー）ニーズに対応することとなった．図 4.5 にはユースケース図でこのことを表している．このユースケースをさらに検討するため，実車を用いて，荷物をたくさんもったユーザーのバックドア開閉の動作を観察し，さまざまな観点からの議論を経て，図 4.6 に示される新 PBDS のユースケースシナリオを考えた．すなわち，

> I-Key をもつユーザーが A 地点から「I-Key 操作可能エリア（エリア 1）」に入ると，ライトを地面に反射させて「おもてなし」の意思を示し，ユーザーをそこへ誘導する．さらにユーザーが「足による操作可能エリア (foot activation area（エリア 2））」(B 地点）に入るとライトが点滅し，ユーザーが点滅するライトに足をかざすとセンサが足を検出し，バックドアが開閉する．

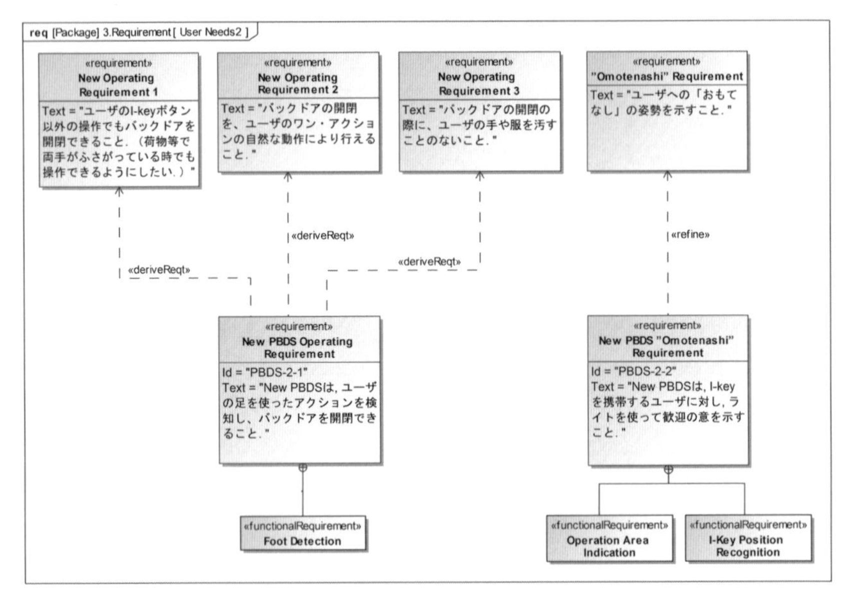

図 **4.7**　新 **PBDS** に追加された要求を表す要求図

とした.

この思考の過程を図4.7の要求図に示す. 上位の要求である新しい操作要求 (New Operating Requirement) 1〜3および, おもてなし要求 (“Omotenashi” Requirement) から新しいPBDS操作要求 (New PBDS Operating Requirement) PBDS2-1, PBDSおもてなし要求 (New PBDS “Omotenashi” Requirement)PBDS2-2の2つの要求が導かれ, PBDS2-2をさらに2つの機能要求に分解して, 合計3つの機能要求「足の検知 (Foot Detection)」,「操作可能エリアの提示 (Operational Area Indication)」,「I-Key位置の認識 (I-Key Position Recognition)」を定義した.

以上の検討から得られた新PBDSのコンテキスト (New PBDS Domain) の構成を図4.8に示す. 現行PBDSに対して外部システムには物理環境の地面 (Ground) が追加され, また, 新PBDS (New Power Back Door System) には改良に際してOSBDS (One Step Back Door System) が追加された. さらに, 定義した3つの新しい機能要求に対応するため, OSBDSにはOSBDSコントロールユニット (OSBDS Control Unit), センシングシステム (Sensing System), ライティングシステム (Lighting System) が必要になると判断し, これらを構成要素として示している.

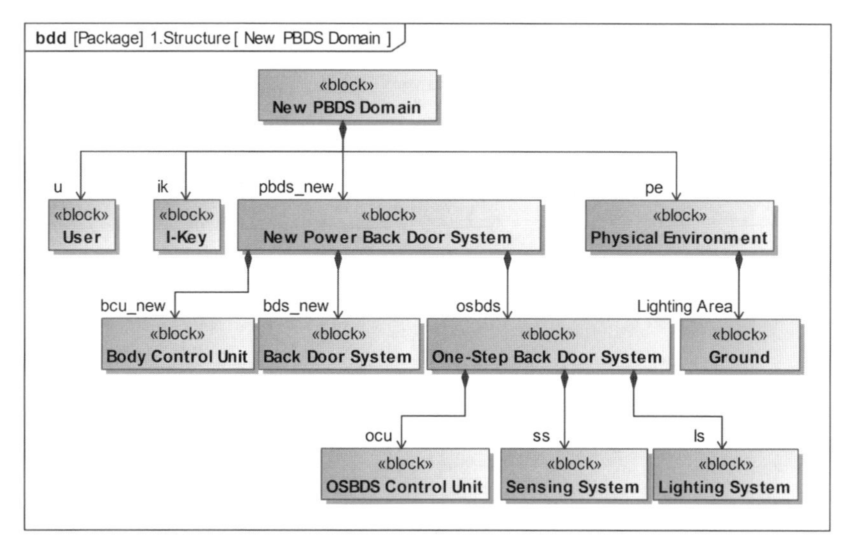

図 **4.8** 新 **PBDS** のコンテキストの構成を表すブロック定義図

ここで，図 4.6 で示したユースケースシナリオの実現可能性の一つとしてバッテリ消費について検討しておこう．車両側から新 PBDS が I-Key の位置を把握するためには，車両に搭載するバッテリを消費することになる．無駄にバッテリを消費することを避けるため，車両に搭載するバッテリから新 PBDS への電源供給についての検討が重要となる．車両側が認識するドライバーがもつ I-Key の位置に依存するバッテリによる電源供給 (Power Supply) の状態遷移を図 4.9 のステートマシン図に記述する．

ユーザーがもつ I-Key が「I-Key 操作可能エリア」の外 (Outside I-Key available area) にある場合，I-Key 操作不可状態 (I-Key Unavailable) では，PBDS は低頻度モード (LF mode: Low Frequency mode) で I-Key の位置を把握し，これにより電源への負荷を低減している．これに対して，ユーザーがもつ I-Key が I-Key 操作可能エリア（エリア 1）内 (Inside I-Key available area) にある場合は，I-Key 操作可能状態 (I-Key Available) に遷移し，この中で，ユーザーの足によるバックドア操作が可能なエリア (foot activation area) にいる状態 (Available for BD activation by foot) と不可能なエリアにいる状態 (Unavailable for BD activation by foot) との間で遷移することが示されている．このように，エリア 1 外では I-Key の探索の頻度を低頻度とすることで車両に搭載されるバッテリの消耗を防ぐこととしている．

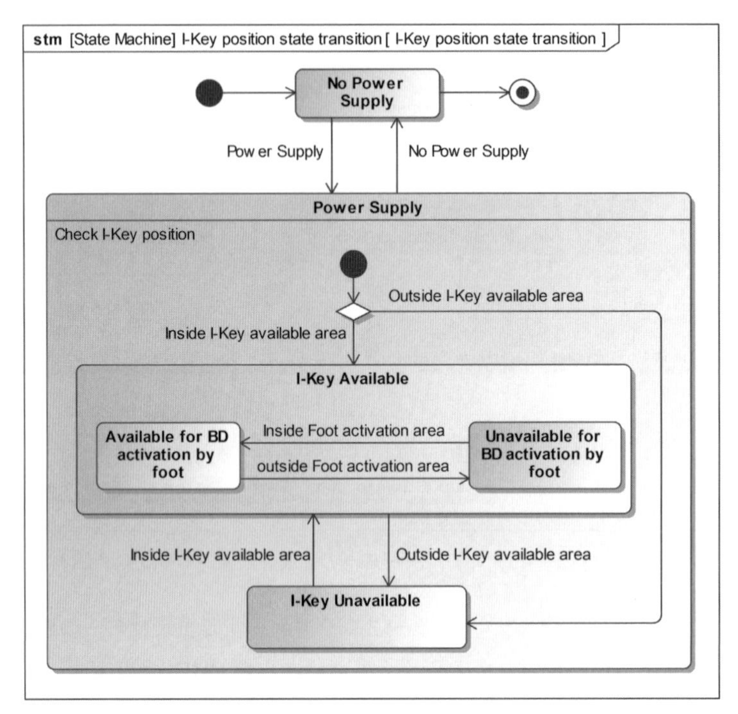

図 **4.9　I-Key** 位置に依存する電源供給の状態遷移を表すステートマシン図

新たな3つの機能とI-Key位置の状態遷移があることを踏まえた上で，新PBDSがコンテキストの中でどのような振る舞いをするのかを表すアクティビティ図を図4.10に示す．ここで，新PBDSに追加されたOSBDSがもつ3つの機能「足の検知」,「操作可能エリアの提示」,「I-Key位置の認識」を1つのアクション「バックドアを操作するユーザーをガイドし認識する(Guide and recognize user to operate back door)」にまとめている．このアクションと外部システムであるユーザー，I-Keyおよび地面(Ground)がもつアクションとの間の振る舞いに関与する入出力関係を検討した結果を図4.10には記述している．ここでは，図4.6に示したユースケースシナリオでユーザーがI-Key操作可能エリアに入ってくるところからの振る舞いを表している．

図4.4に示した現行PBDSの振る舞いを表すアクティビティ図からの変更箇所は，ボディコントロールユニットのアクション「I-Keyと車両との距離を測る」から出力される距離情報(Distance Information)と，アクション「I-KeyがI-Key操作可能エリア（エリア1）にあるか否かを確認する」から出

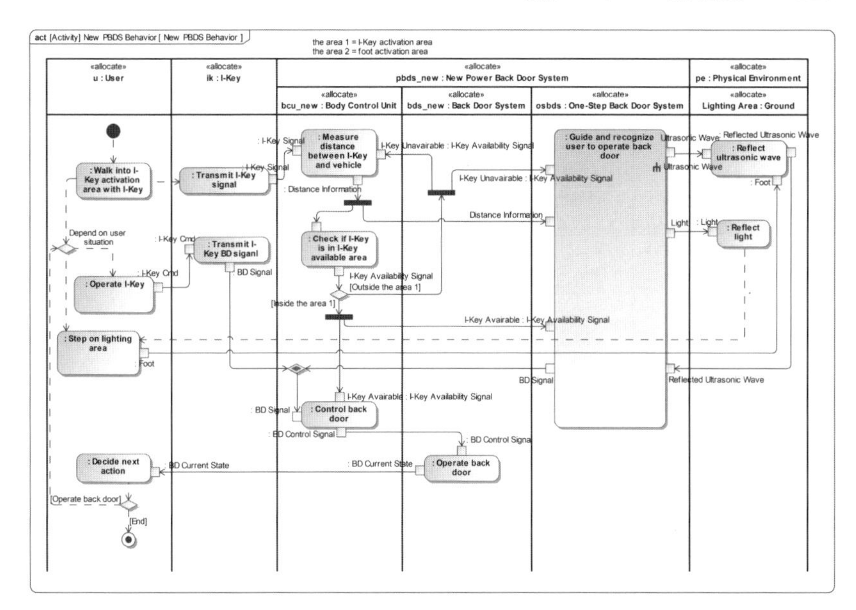

図 **4.10**　新 **PBDS** コンテキストの振る舞いを表すアクティビティ図

力される I-Key がエリア 1 内にあるか否かを示す信号 (I-Key available/ unavailable: I-Key Availability Signal) を OSBDS が受け取る点である．これらの情報に基づき，OSBDS からは地面に対して光を発してユーザーに足を差し出す場所を提示し，そこに差し出された足を超音波で検出して，バックドアを操作するための BD 信号を出力することを表している．ボディコントロールユニットに上述の改良を加えることにより，新 PBDS の改良開発に際して OSBDS を追加することが可能となる．

新 PBDS の改良開発で新たに追加された OSBDS 内部のアクティビティ図を記述した結果を図 4.11 に示す．OSBDS を構成する OSBDS コントロールユニット (OSBDS Control Unit)，センシングシステム (Sensing System)，ライティングシステム (Lighting System) それぞれにアクションを割り当てている．また，図 4.10 の OSBDS に割り当てられたアクション「バックドアを操作するユーザーをガイドし認識する」の入出力がアクティビティパラメータノードとして継承されて表示されている．OSBDS コントロールユニットはボディコントロールユニットから I-Key と車両間の距離情報と I-Key がエリア 1 内であることを示す信号を受けて，さらに I-Key をもつユーザーが足によるバックドア操作が可能なエリア（エリア 2）内にいるか否かの判断を行い，エ

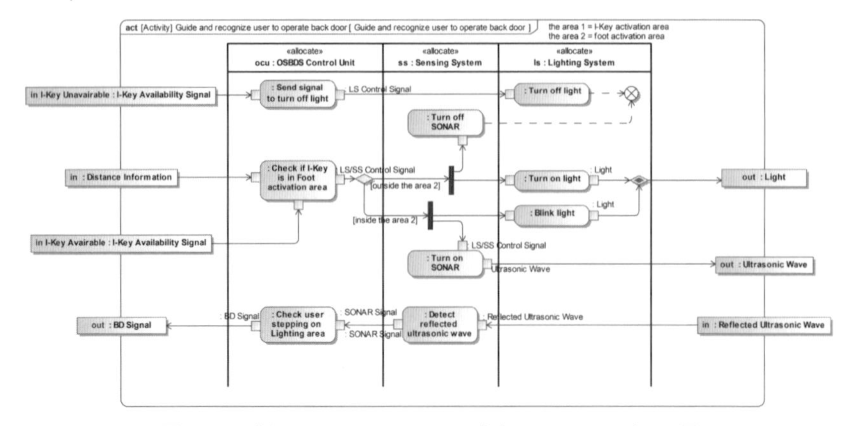

図 4.11　新 PBDS の OSBDS 内部のアクティビティ図

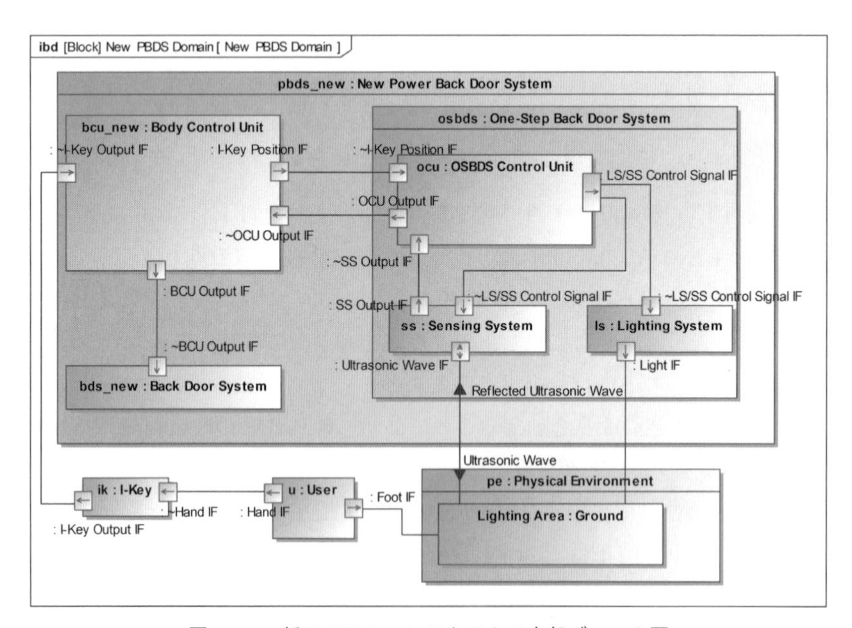

図 4.12　新 PBDS コンテキストの内部ブロック図

リア2外にいるならば，ライティングシステムはライトを点灯して地面へ照射し，センシングシステムではソナーをオフにする．I-Key をもつユーザーがエリア2内にいる場合には，ライトを点滅させ，ソナーをオンにし，超音波を出力することを表している．また，ライトを点滅させている場所に足を差し出したことで超音波の反射波 (in: Reflected ultrasonic wave) をセンシングシステムが受けて，OSBDS コントロールユニットがソナー信号を受け取ると，ライト点灯エリア (Lighting area) にユーザーが足を踏み入れたことを確認しバックドアを操作するための BD 信号を出力することを表している．

新 PBDS のコンテキスト全体の内部ブロック図を図 4.12 に示す．この図でボディコントロールユニット (Body Control Unit) とバックドアシステム (Back Door System) は現行 PBDS を再利用した部分であり，新 PBDS の OSBDS 内の OSBDS コントロールユニットとは，2 つの物理的なインタフェースで繋がっていることがわかる．物理的にはこの内部ブロック図に示す構成をとることが求められることを表している．

4.2 テストを有効にするシステムの構築

構築したシステムを検証するプロセスの中で，検証手法の一つであるテストを実施するためには，テストを有効にするシステムが必要になる．ここでは，自動車のパワートレインの構成要素であるエンジンシステムを開発の対象システムとし，このエンジンシステムをテストするためのエンジンテストベンチ[NP.4]のシステム記述モデルを示す．なお，自動車のエンジンシステムのモデル記述に際しては，A Practical Guide to SysML, The Systems Modeling Language, 3rd Ed.[A.4]に記載されている FIGURES 4.3, 4.10, 4.11 を参考にしている．

(1) 開発対象のエンジンシステムに関するモデル記述[A.4][N.2]

図 4.13 は自動車のコンテキスト（自動車ドメイン (Automobile Domain)）を表すブロック定義図である．自動車ドメインはドライバー (Driver)，大気 (Atmosphere)，道路 (Road)，そして自動車 (Vehicle) をもっており，対象システムである自動車はシャーシ (Chassis)，パワートレイン (Power Train)，電気アッセンブリ (Electrical assembly) から構成される．さらにパワートレインはエンジンシステム (Engine system)，トランスミッション (Transmission)，ドライブトレイン (Drive train) から構成され，シャーシは燃料タンク (Fuel tank) をもつ．また，電気アッセンブリには車両用プロセッサー (Vehicle processor) があり，ここには，アクティビティ「パワートレインを制御する」のためのソフトウェア《software》「車両コントローラ (Vehicle con-

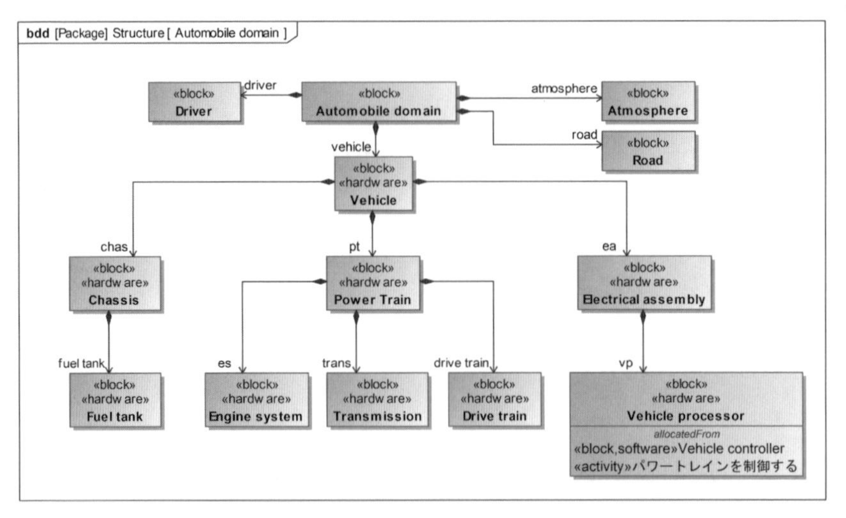

図 **4.13**　自動車のコンテキストを表すブロック定義図

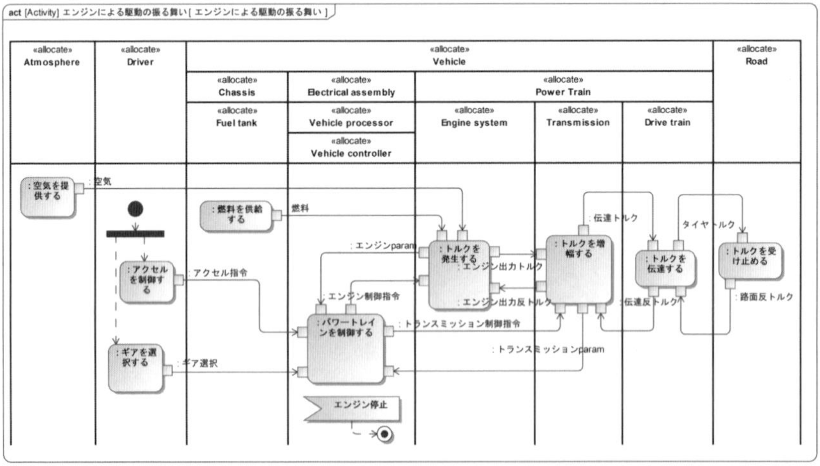

図 **4.14**　エンジンシステムによる駆動の振る舞いを表すアクティビティ図

troller)」が割り当てられていることを "*allocatedFrom*" で表している．これらの定義されたブロックがどのような相互作用をして自動車を駆動するかの振る舞いを図 4.14 に示す．

図 4.14 のアクティビティ図には，ドライバーの運転により車両がエンジンシステムで駆動されて道路上を走る振る舞いが表されている．燃料タンクから

の燃料と大気からの空気，およびドライバーからのアクセル指令とギア選択をエンジンシステムが受け，ドライバーからのギア選択をトランスミッションが受けて，エンジンシステムから発生したトルクは，トランスミッションを介してタイヤをもつドライブトレインから路面へ伝えられる．ここで，車両コントローラはドライバーによるギアの選択とアクセル指令を受けて，エンジンパラメータとトランスミッションパラメータを用いて，エンジンとトランスミッションを制御する．この制御により適切な量の燃料と空気を用いてエンジンシステムから適切なトルクを出力し，またトランスミッションで適切にトルクを増幅してドライブトレインのタイヤを介して路面へ伝えられる．

車両用プロセッサーに割り当てられている，ソフトウェア「車両コントローラ」にはアクティビティ「パワートレインを制御する」がある．このアクティビティ図からソフトウェア「車両コントローラ」に対する要求は

> ソフトウェア「車両コントローラ」は，ドライバーによるギアの選択とアクセル指令を受けて，エンジンパラメータとトランスミッションパラメータを用いて，エンジンとトランスミッションを制御すること

と記述することができる．

エンジンシステムの要求仕様書を作成するためには，さらにモデル記述の詳細化を進めていく必要があるが，エンジンシステムを制御するためのソフトウェアシステムの定義をこのレベルの記述モデルから開始していることを表している．システムレベルからソフトウェアシステムレベルへの要求のフローダウンをモデル記述から行うことができることは，今後，SDV (Software Defined Vehicle) と言われる自動車の開発がさらに活発化される中で極めて有効なものになると考える．

(2) エンジンテストベンチのシステム構築

エンジンシステムを構築した段階で，自動車に搭載して走行試験を実施する前に，エンジンシステムの要求仕様書に照合してエンジンシステムの単体での検証を行うことがある．この場合に，検証の手法の一つであるテストを行うためには，これを有効にするシステムとして，エンジンテストベンチを用いたHardware-in-the-loop (HIL) テストの設備が必要になる．そこでエンジンテストベンチをシステムとして考え，そのシステム要求仕様書を策定するため，エンジンベンチシステム (Engine bench system) のモデル記述を次に示す．

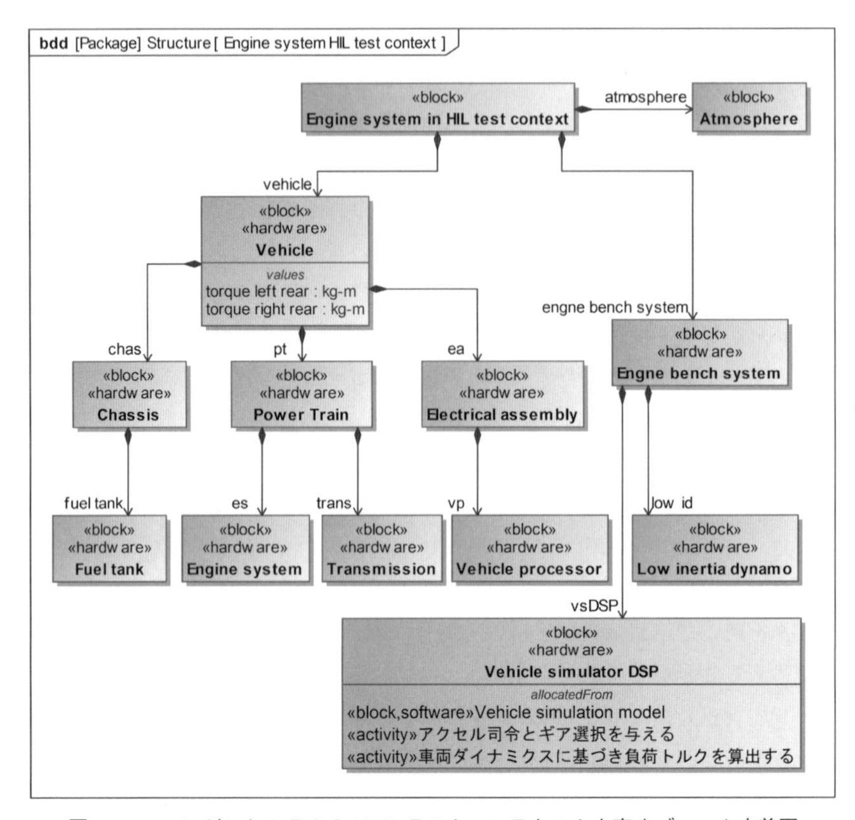

図 **4.15**　エンジンシステムの **HIL** テストコンテキストを表すブロック定義図

エンジンシステムの HIL テストコンテキストを表すブロック定義図を図 4.15 に示す．この構成により，図 4.14 に示した車両がある環境下で走行しているユースケースを，ドライブトレインのないトランスミッション付きのエンジンシステムに対して再現する．このためには，車両がある環境下で走行するために必要なトルクをエンジンシステムがトランスミッションを介して出力するとともに，実車両ではドライブトレインから受けるはずの負荷を，トランスミッションを介してエンジンシステムが受ける必要がある．

このテストケースを実現するためのエンジンテストベンチ全体の振る舞いを図 4.16 のアクティビティ図に示す．車両がある環境下で走行していることを仮想的に実現するため，ドライバーモデルを含めた車両シミュレーションモデルをソフトウェアとして構築し，これを車両シミュレータ DSP (Digital Signal Processor) へ割り当てている．また，このシミュレーションモデルか

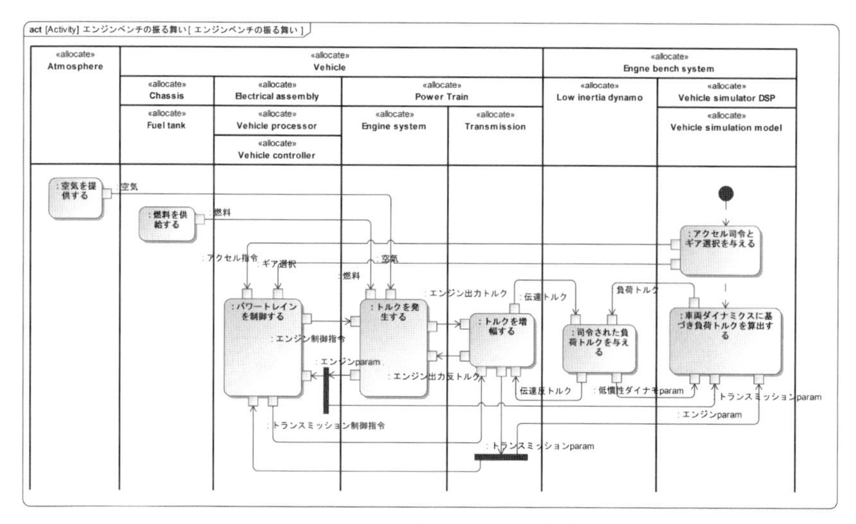

図 4.16 エンジンテストベンチ全体の振る舞いを表すアクティビティ図

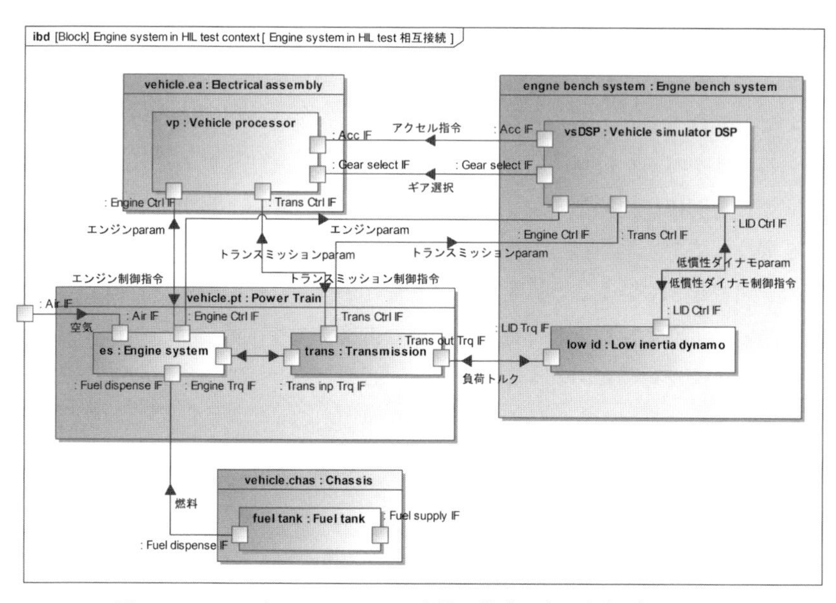

図 4.17 エンジンテストベンチ全体の構成を表す内部ブロック図

ら出力される負荷トルクを，低慣性ダイナモ (Low inertia dynamo) からトランスミッションを介してエンジンシステムへ与えている[NP.4].

図 4.17 には，エンジンテストベンチ全体のシステム構成を表している．エ

ンジンベンチシステムは低慣性ダイナモと車両シミュレータDSPから構成され，車両用プロセッサー，エンジンシステムとトランスミッションが接続されている．開発段階にあるパワートレインを構成するエンジンシステムとトランスミッション，およびパワートレインを制御するソフトウェアである車両コントローラが書き込まれた車両プロセッサーはエンジンベンチシステムおよび燃料タンクと，図4.16のアクティビティ図に整合のとれた形で接続されている．エンジンに必要な空気はここではエンジンテストベンチが置かれた環境にある大気を用いるものとしている．エンジン始動時の環境温度を指定する必要があるならば，さらにエンジンテストベンチ全体の温度管理や空気密度などの特性の管理ができる設備が必要になる．

このテストベンチで車両がある環境下で走行していることを仮想的に実現するためには，ドライバーモデルを含めた車両シミュレーションモデルをソフトウェアシステムとして構築するとともに，低慣性ダイナモから適切に負荷トルクを出力するように制御系設計を行う必要がある[NP.4]．このようなソフトウェアシステムの構築にあたっては，先にも述べたとおり，図4.16, 4.17のようなシステムレベルのモデル記述からソフトウェアシステムへの要求のフローダウンをして行くことが重要となる．また，車両が走行する環境，車両および運転するドライバーを仮想的に実現するためには，現実空間でのこれらの特性や振る舞いを明確に把握しておく必要がある．当然ながら，現実と異なる仮想空間を構築してテストを行って得た結果は，現実空間とは異なる結果となる．現実の空間で起きていること，生じていることが何か，その情報をどのように取得し，どのように仮想空間に再現あるいは構築するか，そして，これらを技術的に実現するためにどのようなプロセスが必要となり，また，どのような組織体制を整えなければならないかを考える必要がある．

4.3　システムモデルとシミュレーションモデルの連携

対象システムの要求定義，アーキテクチャ定義，設計定義のプロセスを進める中で，段階的にシステム要求を詳細化する際には，デジタルモデルを活用するシミュレーションや実機を活用するテストを行うシステム分析プロセスが重要な役割を担う．近年では，自動車をはじめとしてハードウェアやソフトウェアのみならず人や設備などで構成されるさまざまなシステムが，大規模で複雑なものとなっており，特にそのシステムがもつ動的な特性が複雑性を増している．こうした複雑なシステムの設計段階でシミュレーションによる分析を有効に活用することが求められている．このような場合，対象システムのコンテキストを含めて考慮すべき状況や条件を明らかにし，検討すべきパラメータを予め抽出した上でシミュレーションを行うことが望ましい．本節では Systems Engineering Handbook(SEH) 5th Ed. 3.2.1 のモデリング (Modeling)，分析 (Analysis) およびシミュレーション (Simulation)(MA&S) を参照し，FIGURE 3.8[A.3] に示されている MA&S プロセスに基づき対象システムの要求を詳細化し，検証するために用いるツール連携を示す．

4.3.1 項では一連のワークフローの中での 3 つの Step の概要について述べる．4.3.2 項にはワークフローに沿ったツール連携による検証を行う事例を示す．具体的なツール連携では，ダッソー・システムズ社が提供する CATIA MagicDraw と，MathWorks 社が提供する MATLAB（R2024a Update2 以降）の Simulink を用いている．4.3.3 項ではツールおよびその拡張機能，そして事例に関連する情報について紹介する．

4.3.1 システム要素検証のためのワークフロー

検証についてはすでに 2.1.3 項の技術プロセスで触れ，さまざまなプロセスの中で検証が用いられることを 2.4 節で述べた．検証プロセスの目的は，システム，システム要素または成果物が規定された要求と特性を満たしている客観的証拠を提供することである[A.3]．ここでは，上位のシステムレベルで規定された要求をその下位のシステム要素が満たすことの検証を進めてシステム要求を詳細化していく中で，シミュレーションを活用するワークフローについて述べる．この一連のワークフローの概要を図 4.18 に示す．これは，先に述べた MA&S プロセスと関連しており，このワークフローから得られる成果物は MA&S Data としてまとめることができる．また，ここから MA&S プロセスに必要なデータを再利用することも可能となる．図 4.18 に示すとおり，このワークフローは次に示す Step1～3 からなる．

(1) Step1　検証を行うためのスコープ定義

SEH 5th Ed. 2.3.5.9 の検証プロセスに示されているように，検証を行う際には「何を検証しようとしているのか」と「どのようなアプローチで検証を

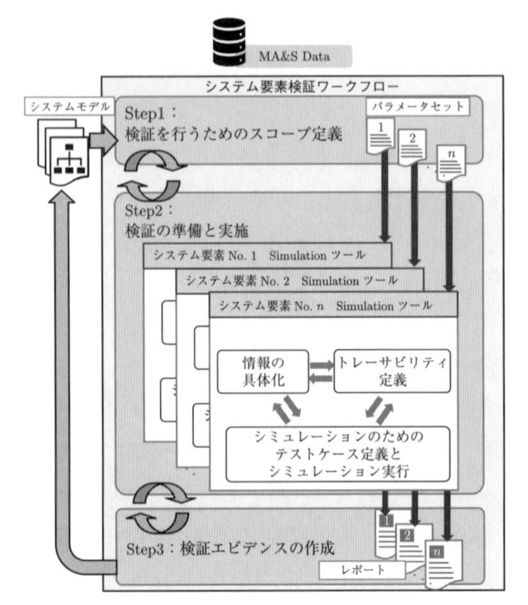

図 **4.18**　システム要素検証のためのワークフロー概要

行うか」を定めるためのスコープを定義しなければならない．システムズエンジニアはシステム記述モデルを構築する中でシステム要素が満たす必要のある要求および特性を検証するため，検証に必要な関連する情報（要求，期待する達成基準，シナリオ，検証対象となるシステムの構成，インタフェースなど）を明確にすることで検証のスコープを定義する．図 4.18 のワークフローの Step1 では，検証に必要なこれらの情報を集約した「パラメータセット」をスコープ定義としてシミュレーションツールに渡す．システムを構成するシステム要素が複数存在し，それぞれに検証を必要とする場合には，それぞれにパラメータセットを定義する必要がある．これらの間には関連性があるため，システム記述モデルからトレースのとれる形でこれらのパラメータセットを定義することが求められることに注意されたい．

(2) Step2　検証の準備と実施

Step2 では，Step1 から受け渡されたパラメータセットの情報を元に，検証対象であるシステム要素を検証するための適切な粒度のシミュレーションモデルを定義する．目標とする機能および性能要求が満たされているか否かを検証

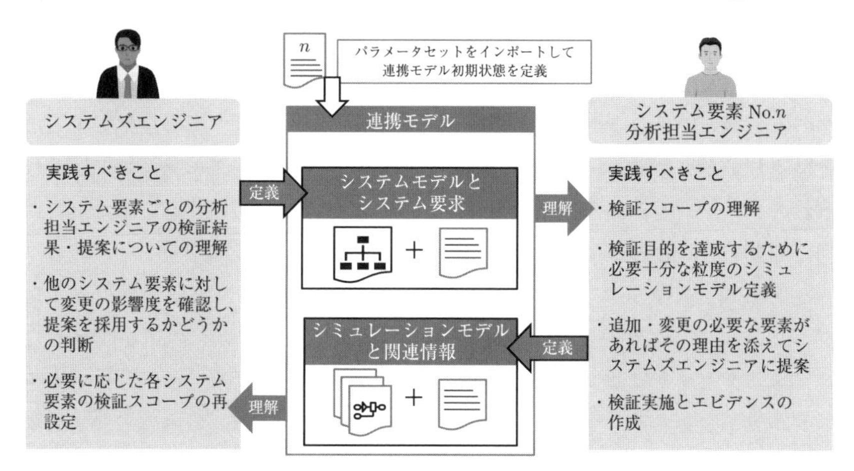

図 **4.19** **Step2** 内でのシステムズエンジニアと分析担当エンジニアとのコミュニケーション

するに際して，容易なシミュレーションを実施するのみであればシステムズエンジニア自身が担当する可能性はある．しかし，シミュレーションに専門性を必要とし，制御エンジニア，CAE エンジニアに検討を依頼する場合は，システムズエンジニアはそれぞれの専門性のあるエンジニアに適切な指示を与える必要がある．システム要素ごとに分析／シミュレーションを実施する「分析担当エンジニア」は Step2 の中で以下に示す「情報の具体化」,「シミュレーションのためのテストケース定義とシミュレーションの実行」,「トレーサビリティ定義」を反復して実施して検証のためのシミュレーションモデルを定義し，検証の結果を得ることを目指す．

A) 情報の具体化

Step1 で受け渡されたパラメータセットを踏まえ，分析担当エンジニアが Step2 を進めるにあたり，システムズエンジニアとの間で行うコミュニケーションの内容を図 4.19 に示す．分析担当エンジニアは Step2 のプロセスを進める中で，パラメータセットの情報に基づきシミュレーションモデルを定義する際に，より具体化された詳細パラメータを定義する必要が生じる場合がある．例えば予め定義されていたパラメータセットに不足している情報がある場合などである．また，要求された性能を満たすためにはシステム要素の構成やパラメータに変更が必要となる場合もある．このような場合，パラメータやモデル要素の追加，変更を行うことについて，システムズエンジニアとコミュニケーションをとって最終的な判断をすることが望ましい．これは分析担当エンジニアのみの判断では自身が担当するシステム要素の外へ及ぼす影響を把握することは難しいためである．システム設計全体を担うシステムズエンジニアはそれぞれのシステム要素間の関係性を理解しているため，課題の共有をした上で適切な判断を行うことができる．

システムズエンジニアが適切な判断を行い，認識の相違なく分析担当エンジニアとコミュニケーションをとるには，システムズエンジニアが設定したパラメータセットに基づく「システムモデルとシステム要求」と，分析担当エンジニアが定義する「シミュレーションモデルと関連情報」の両方の要素を表現できるモデルを協力して作成して議論することが望ましい．このように両者が扱う情報が連携したモデルをここでは「連携モデル」と呼ぶことにする．Simulink 環境では，システムモデルがもつアーキテクチャに関する構成とインタフェースを表現するための System Composer と，要求管理とモデル要素へのトレーサビリティリンクを作成するための Requirements Toolbox，そしてシミュレーションモデルを定義できる Simulink を連携させることで連携モデルを定義する．

B) シミュレーションのためのテストケース定義とシミュレーションの実行

検証のためのテストケースに関する情報は Step1 で受け渡されたパラメータセットに含まれている．しかし，連携モデルを用いる中でシステム要素の構成やパラメータに変更が生じた場合，テストケースに関する情報に変更や追加が必要となる．Simulink Test はテストマネージャー機能を提供し，これによって，図 4.20 に示すような「Simulink Test テストファイル」を作成し，シミュレーションを実行することができる．Simulink Test テストファイルはテストケース定義とテスト結果から構成される．テストケース定義では「テスト対象モデル」，テスト対象モデルへの「入力信号」，そしてテスト対象モデルの出力に対する「期待値/達成基準」を定義する．

Simulink Test はテストハーネスモデルを作成するテストハーネス機能を提供している．機能の詳細の説明については MathWorks のヘルプドキュメント (https://jp.mathworks.com/help/sltest/test-harnesses.html) に譲る．テストハーネスモデルは図 4.21 右側に示すように，テスト対象モデルへの入力信

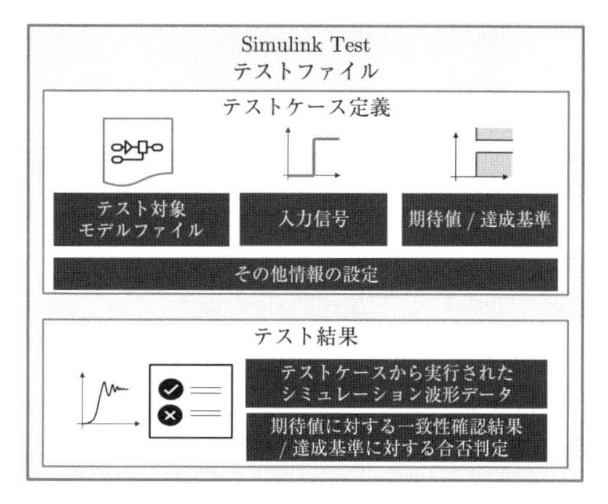

図 **4.20** **Simulink Test** テストファイルに定義される情報

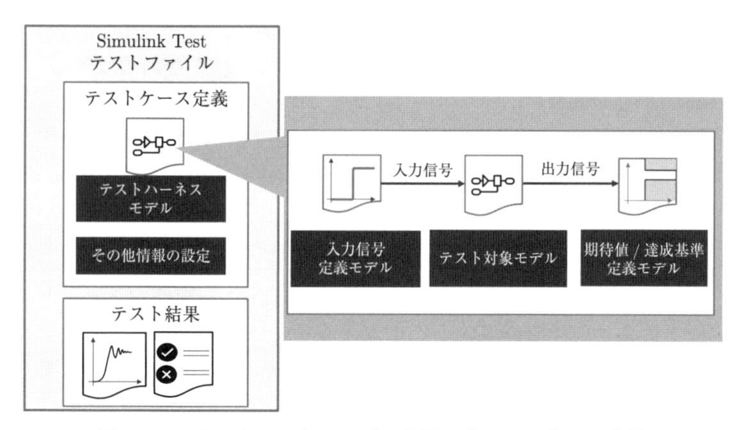

図 **4.21** テストハーネスモデルを用いたテストケース定義

号を定義した「入力信号定義モデル」,「テスト対象モデル」, テスト対象モデルの出力に対する期待値/達成基準を定義した「期待値/達成基準定義モデル」をまとめたものである.

C) トレーサビリティ定義

図 4.22 に要求, モデル, パラメータ, テスト間の関係性とトレーサビリティリンクを示す. 先に述べた情報の具体化やテストケース定義を通じて, 要求やパラメータの詳細化が進む. それらとシステムズエンジニアが定義したシステム要求やシステムモデルとの関係性を明確にし, 互いにリンクさせて関連付

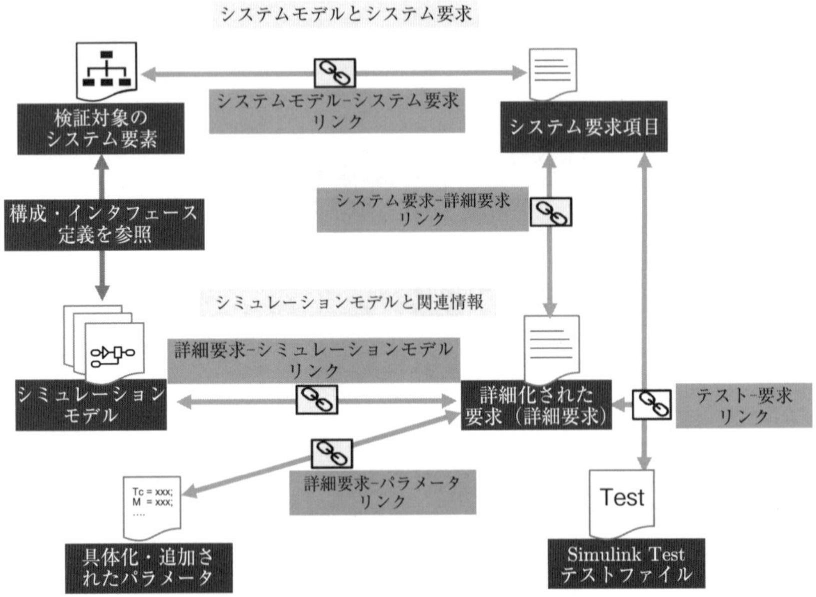

システムモデルとシステム要求
検証対象のシステム要素
システムモデル-システム要求リンク
システム要求項目
構成・インタフェース定義を参照
システム要求-詳細要求リンク
シミュレーションモデルと関連情報
詳細要求-シミュレーションモデルリンク
シミュレーションモデル
詳細化された要求（詳細要求）
テスト-要求リンク
詳細要求-パラメータリンク
Tc = xxx;
M = xxx;
….
具体化・追加されたパラメータ
Test
Simulink Test テストファイル

図 **4.22**　トレーサビリティリンクと各ファイルの関係性

けてトレーサビリティをとることは重要である．Requirements Toolbox を用いることで，例えば，システム要求と詳細化された要求（詳細要求）との間のリンク，あるいは詳細要求と Simulink Test ファイルとの間のリンクなど，トレーサビリティリンクを作成することができる．トレーサビリティリンクは次の Step3 検証エビデンスの作成で，情報をもれなくまとめたレポートを作成する上でも必要となる．

(3) Step3　検証エビデンスの作成

分析担当エンジニアはシミュレーションモデルを構築する過程で明らかになった情報を整理し，システムズエンジニアが定義した情報とのトレーサビリティを明確にした上で，検証が行われたことの証拠（エビデンス）としてレポートを作成する．レポートにはテスト結果，テストに利用したパラメータセットなどに加えて，要求に対するトレーサビリティリンクを掲載する．これにより，レポートから設定されたパラメータや検証の目的を理解でき，レポートを後から参照する人が結果と設計の経緯，要求と設計の依存関係を把握できるようになる．

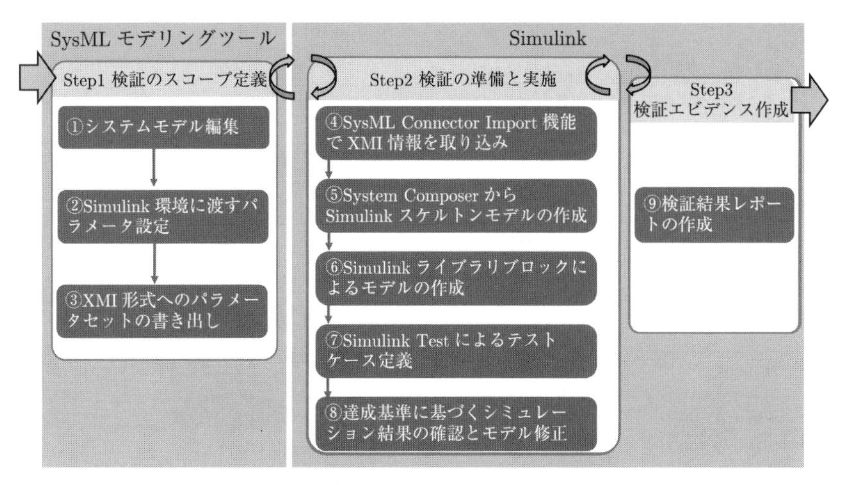

図 **4.23** システム要素の検証のためのツール間連携ワークフロー

図 4.18 の Step3 からシステムモデルへ上に向かう矢印は，このワークフローでは最終的なレポートに対してもともと作成されたシステムモデルに変更や追加があれば，それらをシステムモデルに反映することを示している．システムモデルに反映すべき変更点などを明確にするために，Simulink が提供する，モデルファイル要素の差分を可視化する機能を用いることができる．また，Simulink は標準でファイル管理ツール (Git, SVN: Subversion) と連携することも可能である．詳細な操作方法については MathWorks ヘルプドキュメントの「モデルの比較」に記載されている (https://jp.mathworks.com/help/simulink/model-comparison.html).

4.3.2 システム要素検証の中でのツール間連携事例

事例として自動車のパワートレインシステムの構成要素である電子スロットル制御 (ETC: Electric Throttle Control) システムを取り上げ，前頁で Step1～3 について述べたツール間連携のワークフローに沿ってこのシステム要素のシミュレーションによる検証を行い，システム要求の詳細化をはかる．具体例に対応するための内容の詳細を図 4.23 に示す．

図 4.23 の Step1～3 の間の反復を表す矢印が示すとおり，実際のシステム分析では目標とする性能を満たすアプローチを探索する過程で，①～⑨に示すワークいずれの工程でも前にある工程に戻って再度検討をする「反復」が必要に応じて実施される可能性がある．

- アクセルペダル（Accelerator Pedal：AP）
  - —アクセルペダルの踏み込み量をセンサで捉えて電気信号に変換し Throttle Control Module に出力する
- スロットルコントロールモジュール（Throttle Control Module：TCM）
  - —アクセルペダルの踏み込み量と CAN 通信の信号からスロットル角度フィードバック制御する
  - —モータードライバーに対してモーターに印加する平均電圧指令値を出力する
- スロットルボディ（Throttle Body：TB）
  - —吸気パイプにスロットルが設置されている
  - —モーターでスロットル開度を制御し空気の吸入量を制御する
  - —スロットルバルブ角度情報をセンシングし電子制御モジュールにフィードバックする

INPUT
・CAN 通信線
・駆動用電源線
・吸入気量
・ユーザーによるペダル操作

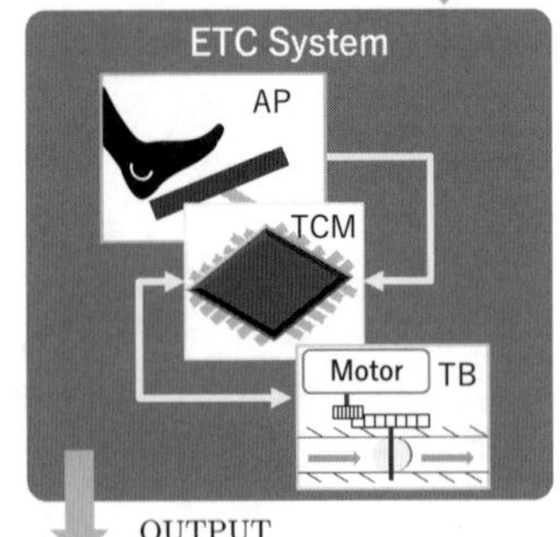

OUTPUT
・スロットルバルブ角度
・出力空気量

図 **4.24**　**ETC** システム概要図

(1) パワートレインのシステム要素：ETC システム

この事例では，システムズエンジニアが自動車のパワートレインのシステム要求定義とシステムアーキテクチャ定義を進めるに際して，パワートレインシステムレベルからそのシステム要素へ要求を割り当てる過程で，システム要素に関する専門性を有する分析担当エンジニアに要求の検証を依頼する状況を想定している．ここではシステム要素の一つである ETC システムを取り上げている．ETC システムの概要を図 4.24 に示す．ETC システムは，アクセルペダル (AP: Accelerator Pedal)，スロットルコントロールモジュール (TCM: Throttle Control Module)，スロットルバルブを有するスロットルボディ (TB: Throttle Body) の 3 つのコンポーネントから構成される．システムの外部にはパワートレインコントロールモジュール (PCM: Powertrain Control Module) が存在し，回転数，水温，トラクション信号などのセンサ情報を受けて，ETC システムに適切な操作量を CAN (Controller Area Network) を通じて TCM に受け渡す．TCM はドライバーによるアクセルペダル踏み込み量のセンサ電圧値と CAN から得た信号をもとに制御演算を行い，TB に内蔵されたモータードライバーに与える PWM (Pulse Width Modulation) デューティ比を算出する．モータードライバーは PWM デューティ比に基づいてモーター (Motor) を回転させ，スロットルバルブの角度を変更することで目標の開度になるよう制御する．

表 4.1 ETC システムの要求

No.	要求名	要求の内容
1	Total Mass	総重量は xxx kg 以下であること
2	Total Volume	体積は xxx mm^3 以下であること
3	Response（応答）	アクセルペダルの踏み込み量に対して 0→100%のステップ入力が印加された際に，制御対象であるスロットル角度センサ信号 (0〜5 V) がステップ入力のステップ時間を起点とし，100 ms 以内に目標値の定常偏差 ±10% 未満に収束すること
4	Stability（安定性）	ゲイン余裕は xx dB 以上とし，位相余裕は xx deg 以上を確保すること
5	Plant Parameters（プラントパラメータ）	制御対象のスロットルボディはコンポーネントに割り当てたパラメータ値に基づいてモデリングすること
6	Sensor Voltage	センサ電圧の基準値は 5 V とすること
7	Motor Driver DC Voltage	スロットルボディ内のスロットル角度を動かすモーターに対するモータードライバーに入力する DC 電圧は 12 V とすること

この事例では図 4.18 に示すワークフローに基づく検証を簡潔に示すために，ETC システムの要求を，表 4.1 に示す 7 つのみに限定する．そのため，CAN に基づく処理等，一部の機能は事例モデルに含めないことに注意されたい．また，この要求をツールで扱う中で一部 GUI 表記に「要件」と示されている部分もあるが，本書では全て「要求」として扱う．

(2) 本事例でシミュレーションを実施する目的

この事例でシミュレーションを実施する主たる目的は，表 4.1 のシステム要求 No.3 の Response（応答）に関する要求を，ETC システムが満たすかを検証することにある．システムズエンジニアはすでに ETC システムの構成要素である TB に関する仕様のいくつかのパラメータを把握しているが，応答性能要求を達成するための TCM の制御ロジックや関連するパラメータはまだ決定していない．これに対して，分析担当エンジニアは，求められるスロットル制御応答性能を満たすための TCM のロジックやパラメータを設定するこ

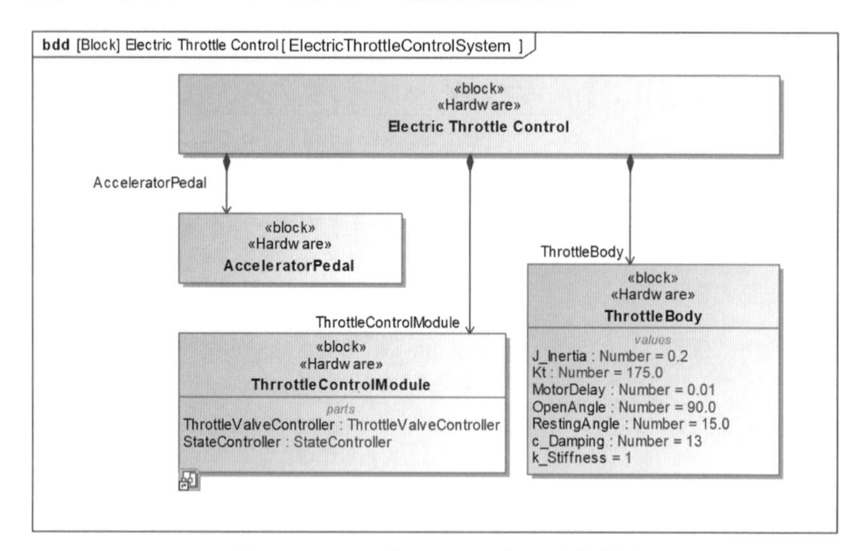

図 **4.25　ETC** システムのブロック定義図

とが求められている．その上で，シミュレーションを通じてパワートレイン側から求められる性能を満たすことができるか否かを検証し，その結果をシステムズエンジニアと共有することが目的となる．

ここでは，ETC システムに限定して論じるが，本来であればETC システム以外にパワートレインがもつ他の構成要素への影響も含めてシミュレーションレベルで確認する必要があることに注意されたい．さらに，その後，実機試験を実施することが不可欠，または望ましい．シミュレーションで得られた検証結果は，あくまでも「モデルで表現できる範囲内での検証結果」であることを十分に理解しておくことが極めて重要である．

(3) Step1　検証を行うためのスコープ定義：ワーク①〜③

Step1 では，システムズエンジニアがパワートレインのシステム要求，システムアーキテクチャを定義する中で，段階的に詳細化を進め，ETC システムに対してのシステム要求，アーキテクチャの構成およびインタフェースをシステム記述モデルとして定義する．定義した情報をパラメータセットとしてまとめ Step2 で用いる Simulink 環境へ渡す．

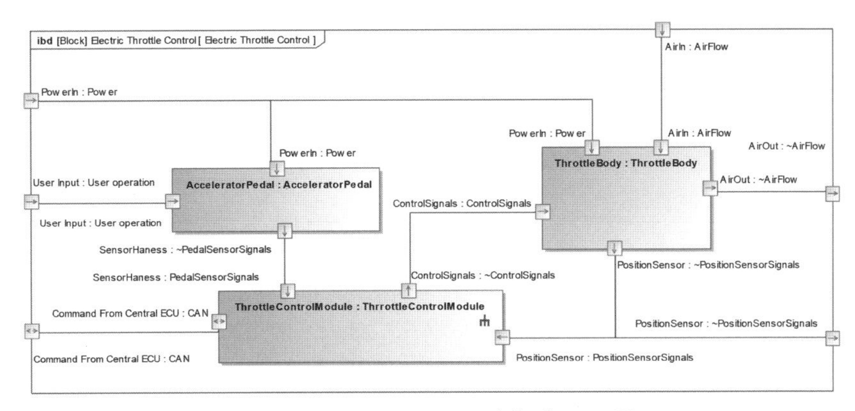

図 **4.26**　**ETC** システムの内部ブロック図

#	Name	Text	Satisfied By
1	R 1 Total Mass	総重量はxxx kg以下であること	Electric Throttle Control
2	R 2 Total Volume	体積はxxx mm^3以下であること	Electric Throttle Control
3	R 3 Response	アクセルペダルの踏み込み量に対して0→100%のステップ入力がされた際に、制御対象であるスロットル角度センサ信号(0〜5 V)がステップ入力のステップ時間を起点とし、100 ms以内に目標値の定常偏差±10 %未満に収束すること	ThrottleValveController
4	R 4 Stability	ゲイン余裕はxx dB以上とし、位相余裕はxx deg以上を確保すること	ThrottleValveController
5	R 5 Plant Parameters	制御対象のスロットルボディはコンポーネントに割り当てたパラメータ値に基づいてモデリングすること	ThrottleBody
6	R 6 Sensor Voltage	センサ電圧の基準値は5 Vとすること	Electric Throttle Control
7	R 7 Motor Driver DC Voltage	スロットルボディ内のスロットル角度を動かすモータに対するモータドライバに入力するDC電圧は12 Vとすること	Electric Throttle Control

図 **4.27**　**ETC** システムの要求

①システムモデル編集

システムズエンジニアはパワートレインの論理的および機能的なシステムモデルの記述をすでに行っており，このシステムモデルをもとにETCシステムに関して，どの範囲をワークフローでの検証対象とするかを定める．図4.25にはETCシステムの構成を表すブロック定義図を，図4.26にはこれらの構成要素の相互接続を表す内部ブロック図を示す．ブロック定義図にはハードウェアであるTCMのパートとして，スロットルバルブコントローラ (TVC: Throttle Valve Controller) などが定義されている．これらの記述を進める中で段階的に詳細化されたETCシステムの要求を表形式で図4.27に示す．また，それぞれの要求を充足するブロックを「Satisfied By」列に明記している．特に，要求3と4は，TCMのパートであるTVCが充足する要求となっている．要求3は性能要求に対する検証の目標指標に関する要求が定義されている．このようにモデル要素に関連する情報をパラメータセットとしてまとめて設定している．

② Simulink 環境に渡すパラメータ設定

図 4.25 に示したブロック定義図では，ETC システムの構成要素の一つである TB に関して，J_Inertia, Kt, MotorDelay, c_Damping などの各種パラメータが，値プロパティとして定義されている．また，図 4.26 に示す内部ブロック図に示すとおり，それぞれの構成要素には相互接続を行うためのポートが定義され，それぞれにインタフェース名が割り当てられている．

③ XMI 形式へのパラメータセットの書き出し

②で設定した情報を，XMI (XML Metadata Interchange) 形式に書き出す．

(4) Step2　検証の準備と実施：ワーク④〜⑧

Step2 で分析担当エンジニアはシステムズエンジニアが作成したパラメータセットを SysML Connector を用いて取り込み，生成された Simulink モデルを用いて検証を実施する．

④ SysML Connector Import 機能で XMI 情報を取り込み

SysML Connector の Import 機能を用いて，分析担当エンジニアはシステムズエンジニアが XMI 形式に書き出したパラメータセット情報を Simulink 環境へ取り込み，インポートされたファイルを確認する．図 4.28 は SysML Connector によって生成されたアーキテクチャモデル（モデル名：Electric-ThrottleControlSystem.slx）を示す．図 4.28 には3つのコンポーネントが配置されており，それぞれコンポーネント名，ポート名，相互接続関係が図 4.26「ETC システムの内部ブロック図」の定義と一致している．ポート間を繋ぐコネクタに定義されたインタフェースは別ファイルの Simulink Data Dictionary で定義されており，System Composer のインタフェースエディタを用いることによってアーキテクチャモデルの各ポートに割り当てることができる．

さらに System Composer の View 機能を用いることで，図 4.28 に示した

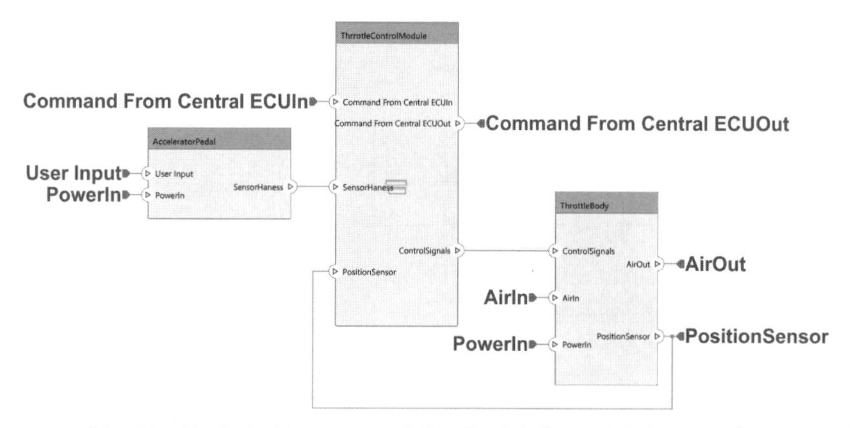

図 **4.28**　**SysML Connector** でインポートしたアーキテクチャモデル

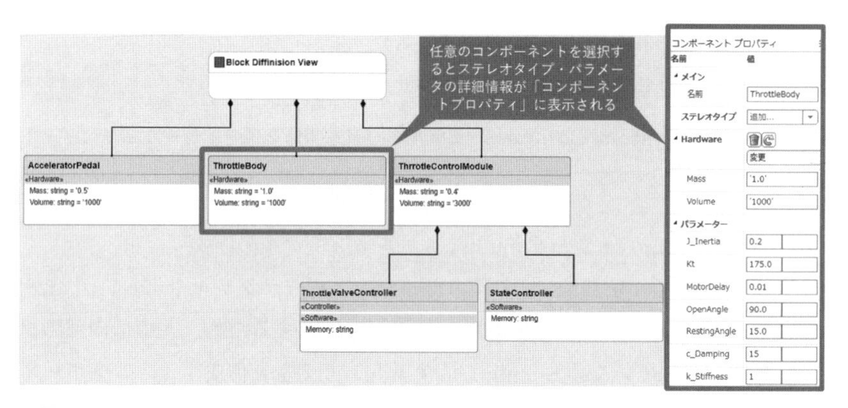

図 **4.29**　**System Composer** の **View** 機能で表示したコンポーネント階層表示

アーキテクチャモデルからブロック定義図に相当するシステム構成を表示できる．View 機能の [コンポーネント階層] 表示の結果を図 4.29 に示す．ステレオタイプとパラメータが定義されているコンポーネントブロックについては，その詳細をコンポーネント階層の右側に表示させることができる．図 4.29 には，コンポーネントブロック ThrottleBody のプロパティが表示されており，ここにはパラメータ c_Damping 等が含まれている．

図 4.27 に示される要求とそれを充足するブロックは Requirements Toolbox のファイルとして取り込まれ，図 4.30 に示すトレーサビリティマトリクスで，要求とコンポーネント間の充足関係を矢印によって表すことができる．

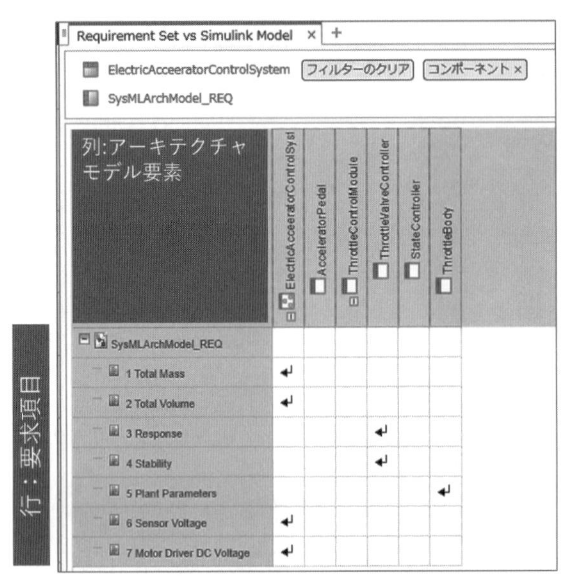

図 **4.30**　要求–**System Composer** モデル間の充足関係を表すトレーサビリティマトリクス

⑤ System Composer から Simulink スケルトンモデルの作成

SysML Connector 機能により取り込まれたアーキテクチャモデル（図 4.28）をもとに，次のワーク⑥で Simulink モデルを作成するため，⑤では内部のロジックを定義していない Simulink スケルトンモデルを作成する．コンポーネントに対して定義されたポートのインタフェース定義に基づき，入出力のインタフェースブロックのみが定義された Simulink スケルトンモデルを生成する．ここでは，コンポーネント [ThrottleBody] に関して Simulink スケルトンモデルを生成する手順を示す（詳細は MathWorks のヘルプドキュメントに譲る）．

最初に，図 4.28 に示されるアーキテクチャモデル上のコンポーネント [ThrottleBody] から Simulink スケルトンモデルを生成した結果を図 4.31(1) に示す．生成された ThrottleBody のスケルトンモデルには，指定した System Composer コンポーネントがもつポート（入力ポート：ControlSignals, AirIn, PowerIn /出力ポート：PositionSensor, AirOut）に対応する入出力ポートが Simulink の In Bus Element/Out Bus Element ブロックとして定義されていることがわかる．また，図 4.29 に示したとおり，ThrottleBody には 7

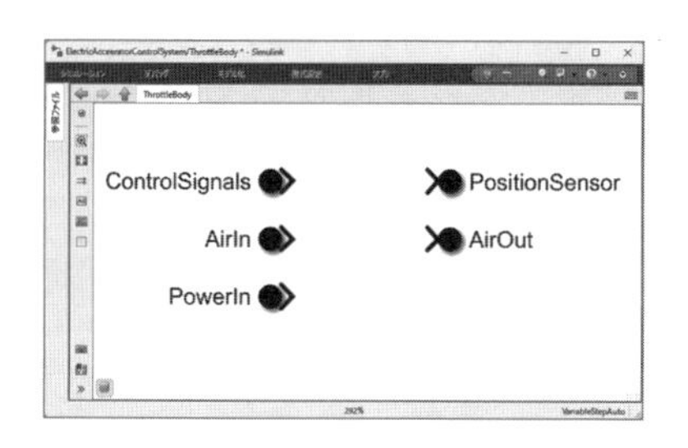

(1) 生成されたスケルトンモデル

Name	Value	DataType	Argument
J_Inertia	0.2	double	☑
Kt	175	double	☑
MotorDelay	0.01	double	☑
OpenAngle	90	double	☑
RestingAngle	15	double	☑
c_Damping	15	double	☑
k_Stiffness	1	double	☑

(2) モデルワークスペース定義

図 **4.31** 生成された **ThrottleBody** スケルトンモデルとモデルワークスペース定義

つのパラメータが割り当てられているが，これらのパラメータは Simulink スケルトンモデルが作成された際に，スケルトンモデルが内部にもつ [モデルワークスペース] に定義される（図 4.31(2) 参照）．System Composer のアーキテクチャモデルで設定されたパラメータが，Simulink スケルトンモデルに取り込まれている．分析担当エンジニアは以上の手順をコンポーネントごとに実施して Simulink スケルトンモデルを作成する．

⑥ Simulink ライブラリブロックによるモデルの作成

⑤で生成されたスケルトンモデルに対して Simulink ライブラリブロック，もしくはユーザーが過去に作成したライブラリ・モデル資産を組み合わせて Simulink モデルを定義する．この結果，図 4.19 に示した「システムモデルとシステム要求」と「シミュレーションモデルと関連情報」との連携モデルを獲得できることになる．図 4.32 に，ThrottleBody のスケルトンモデルに対してライブラリブロックを用いてモデリングを終えた Simulink モデル ThrottleBody.slx を示す．分析担当エンジニアは同様に他のコンポーネントに対して Simulink モデルを定義する．コンポーネント [AcceleratorPedal] に対しては，ユーザのアクセルペダル踏み込み量をアクセルペダルセンサが出力する電圧値に変換するモデルを定義する．コンポーネント [ThrottleValve-Controller] に対しては，PID コントローラのモデルとそこに用いるパラメータ（P ゲイン，I ゲイン，D ゲイン等）を定義する．

⑦ Simulink Test によるテストケース定義

分析担当エンジニアはインポートされた要求を確認し，その情報をもとに要

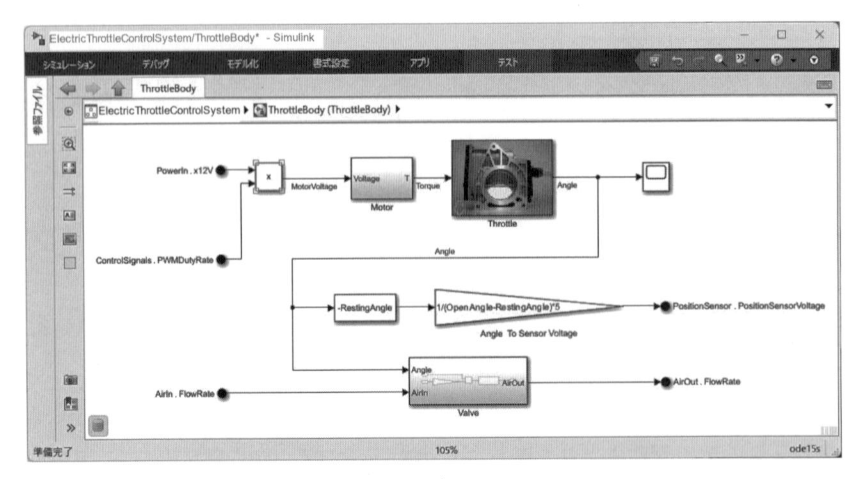

図 **4.32**　**Simulink** モデル **ThrottleBody.slx**

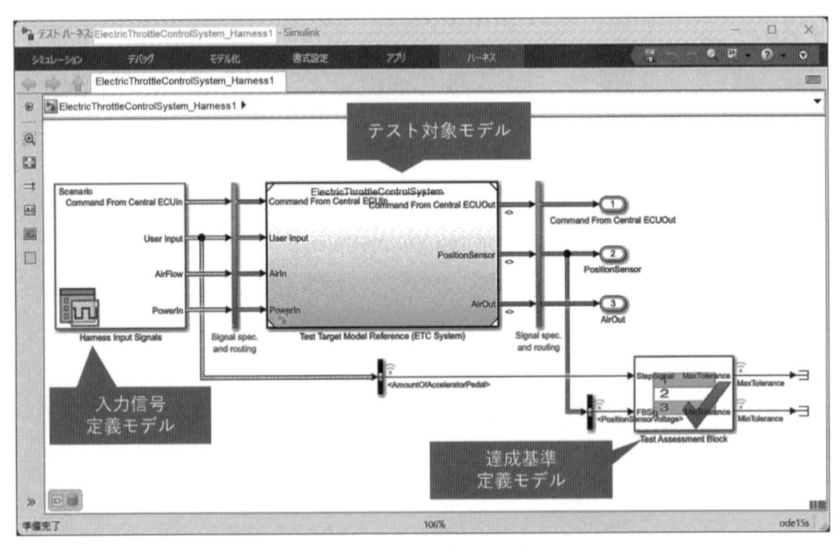

図 **4.33**　作成したテストハーネスモデル

求を満たすための具体的な達成基準を定義する．図 4.21 で示したとおりテストハーネス内に入力信号と達成基準をモデルとして定義していく．図 4.27 に示した要求 No.3 に基づき，入力信号および達成基準定義モデルをテストハーネスに作成する．図 4.33 に定義したテストハーネスモデルを示す．入力信号定義モデルからは「アクセルペダルの踏み込み量に対して 0→100% のステップ入力信号」が出力されるように定義がされており，テスト対象モデルにはア

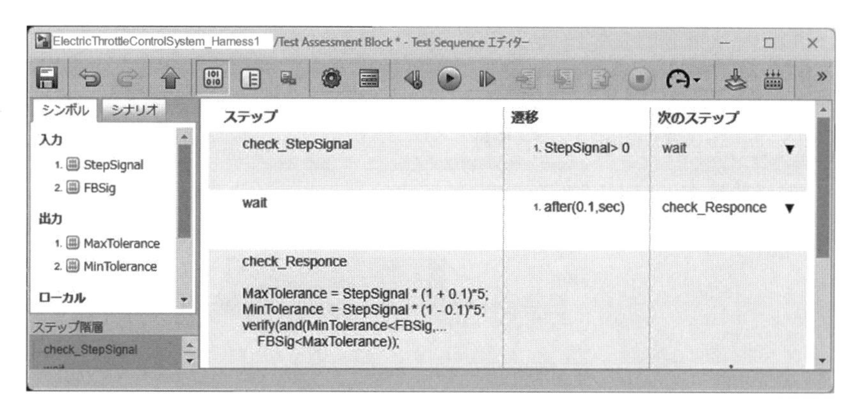

図 **4.34**　要求 **No.3** に基づき作成した達成基準定義モデル

ーキテクチャモデル (ElectricThrottleControlSystem.slx) が参照モデルとして定義されている．

Simulink Test が提供するブロックライブラリである「Test Assessment Block」はテスト達成基準を設定でき，これを用いて図 4.34 に示すとおり達成基準モデルを定義する．ここで，[ステップ]，[遷移]，[次のステップ] と書かれた項目には，必要な処理や数式を用いて定義した検証式を記載しておく．シミュレーションが実行されると [ステップ] に記載された MATLAB 言語で定義された処理を実行する．[遷移] に記載された条件を満たすと，[次のステップ] に記載された処理を実行する．なお，検証のための達成基準を具体化した数式をここでは「検証式」と呼ぶ．

図 4.34 では，要求 No.3 の記述の，「制御対象であるスロットル角度センサ信号 (0〜5 V) がステップ入力のステップ時間を起点とし，100 ms 以内に目標値の定常偏差 ±10% 未満に収束する」のテスト達成基準を記載している．ステップ [check_StepSignal] では，入力されるステップ信号 (StepSignal) が 0 以上になるまで次のステップに遷移しない．ステップ信号が入力されると次のステップ [wait] に遷移する．このステップには処理や検証式の記述がないため，遷移条件である [after(0.1,sec)] に基づき 0.1 秒経過すると次のステップ [check_Responce] に遷移する．最後にステップ [check_Responce] ではステップ信号に対して ±10% の範囲の許容範囲を示す最大 (MaxTolerance) と最小 (MinTolerance) の値を計算し，verify 関数で許容範囲を数式として記述することで達成基準を定めている（verify 関数の詳細については MathWorks ヘル

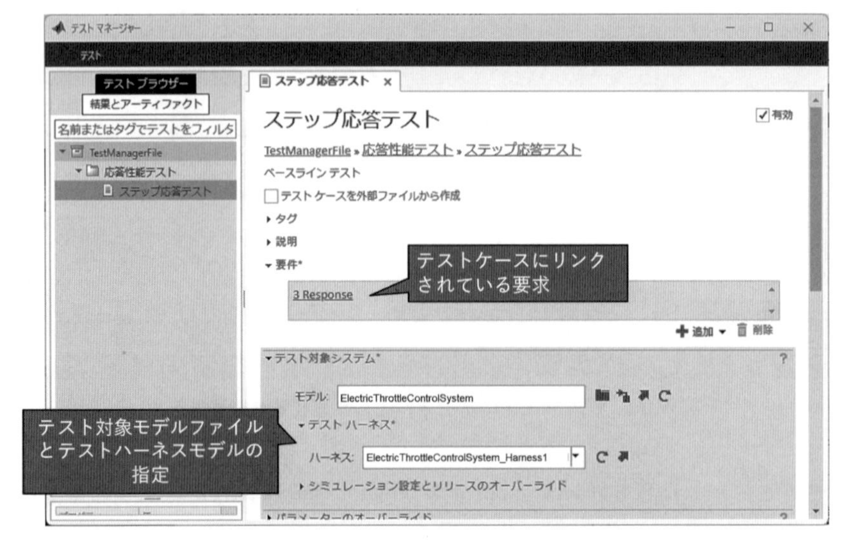

図 **4.35**　テストマネージャーで定義したテストケース

プドキュメントに譲る）．なお，図4.34中のMaxTolerance, MinToleranceの計算式に5を乗じているのは，検証対象となるセンサ電圧が0から5 Vの電圧値をとるため，0～1に正規化された信号を5 Vのレンジに合わせる必要があるためである．以上のように分析担当エンジニアは設定された要求を満たす達成基準を具体化しモデルに定義する．

⑧達成基準に基づくシミュレーション結果の確認とモデル修正

分析担当エンジニアは作成したテストハーネスモデルをテストケースに指定し，Simulink Testテストファイルを作成する．また，図4.22に示したように，要求とSimulink Testテストファイルとの間のトレーサビリティリンクを設定する．テストマネージャーで定義したテストケースを表す図4.35のとおりテストケースに要求No.3 Responseがリンクされており，テスト対象モデルとして関連するモデルファイル名が指定されている．テストマネージャーGUIの左側にはテストケースがツリー状に表示されており，任意のテストケースを選択することでテストケースからシミュレーションを実行できる．図4.35では，ステップ応答テストが選択されている．

テストマネージャーでステップ応答テストを行った結果として，図4.36にはテストケースに保存されたテスト合否判定結果を，図4.37にはテストケー

テスト ブラウザー　結果とアーティファクト
名前またはタグで結果をフィルター (たとえば、tags:

名前	ステータス
▾ 結果: 2024-May-21 14:52:08	1
▾ ステップ応答テスト	
▾ verify ステートメント	
Test Assessment Block/check_Resp...	

(1) 要求および基準の見直し前

テスト ブラウザー　結果とアーティファクト
名前またはタグで結果をフィルター (たとえば、tags:

名前	ステータス
▾ 結果: 2024-May-21 14:52:26	1
▾ ステップ応答テスト	
▾ verify ステートメント	
Test Assessment Block/check_hunti...	
Test Assessment Block/check_Resp...	

(2) 要求および基準の見直し後

図 **4.36**　テストケースに保存されたテスト合否判定

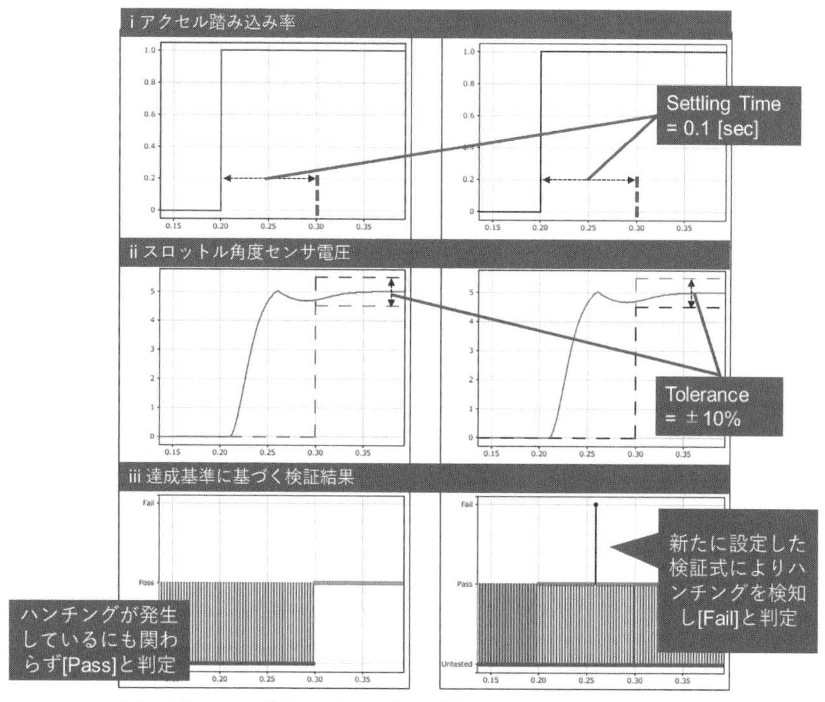

(1) 要求および基準の見直し前　(2) 要求および基準の見直し後

図 **4.37**　要求および基準の見直し前後のシミュレーション結果

スに保存されたシミュレーション結果を示す．図 4.37 には i ：アクセル踏み込み率，ii ：スロットル角度センサ電圧，iii ：達成基準に基づく検証結果が示されている．ii に示される点線は図 4.34 で定義した達成基準範囲をグラフに示したものである．iii は図 4.34 の検証式によって指定した達成基準を満たしたか否かが示され，グラフ縦軸の [Untested] は検証を開始していない状態を

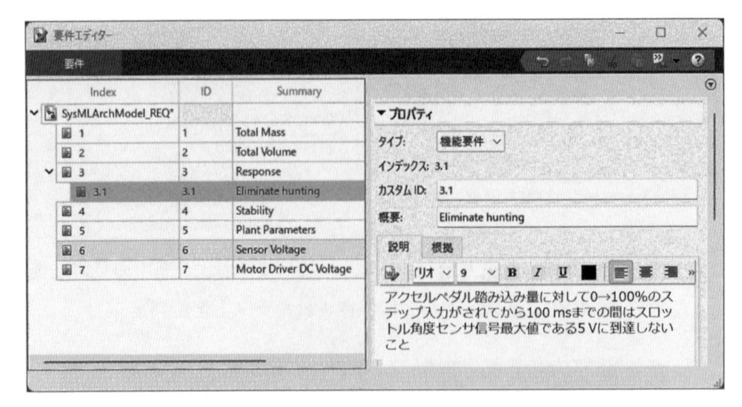

図 **4.38**　システムズエンジニアが追加した要求 **No.3.1**

示し，[Pass] は検証式を満たしていること，[Fail] は検証式を満たしていないことを示す．

図 4.36(1) の結果を確認すると，シミュレーションの結果は Test Assessment Block で定義した達成基準を満たしていることを示す ✓ アイコンが [ステータス] に示されている．この結果からは，設定した PID コントローラのパラメータ値で要求を満たすことができたと判断される．しかしながら，分析担当エンジニアが図 4.37(1) で示すシミュレーション結果を確認したところ，確かに iii の結果からは設定した達成基準を逸脱はしていないことが確認できるものの，ii のスロットル角度センサ電圧値が 0.25 秒付近でハンチングしていることに気が付いた．

分析担当エンジニアが調査した結果，スロットルバルブの機構上バルブ角度が 90 度以上にならない機構をもっていることが原因でハンチングが発生することを突き止めた．そこで，システムズエンジニアと議論し，システムズエンジニアより要求 No.3.1「アクセルペダル踏み込み量に対して 0→100% のステップ入力がされてから 100 ms までの間はスロットル角度センサ信号最大値である 5 V に到達しないこと」が追加された（図 4.38）．それに伴い，システムズエンジニアは分析担当エンジニアに要求 3.1 に対応する達成基準の定義を依頼し，分析担当エンジニアは要求 No.3.1 に対応する検証式を追加した（図 4.39）．黒枠で囲まれた部分が新たな検証式であり，これは要求 3.1 を検証式として具体化したものである．

分析担当エンジニアは新たに設定した検証式に基づき，再度テストマネージ

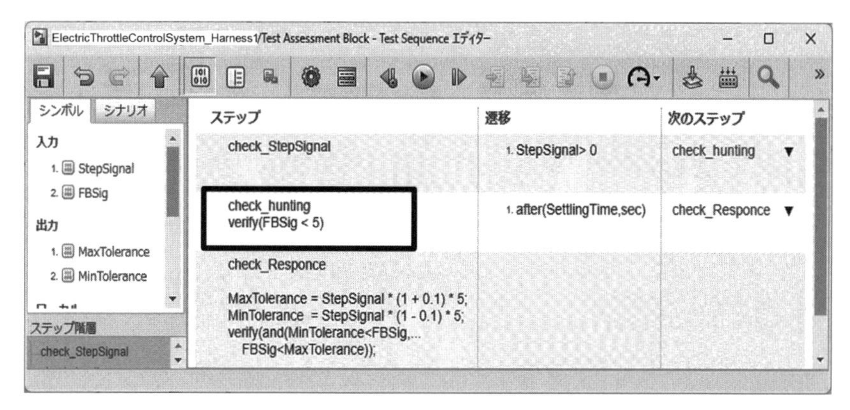

図 **4.39**　要求 **No.3.1** によって追加された検証式

ャーにてシミュレーションを実行した結果，検証式追加後にテストケースからシミュレーションを実行した際の合否判定結果（図 4.36(2)）と，検証式追加後のシミュレーション結果（図 4.37(2)）を得た．図 4.36(2) では新たな検証式でハンチングが検出され，テスト合否判定結果として Fail を示す×アイコンが表示されていることを確認できる．また図 4.37(2) のシミュレーション結果のうち「iii：達成基準に基づく検証結果」を確認するとハンチングが発生している時点で判定が Fail となり，新たに設定した検証式が期待どおりハンチングを検出していることが確認できた．

その後，分析担当エンジニアは検証式をすべて満たすよう，PID パラメータの調整を行ったが，達成基準を満たすことができなかった．そこで，システムズエンジニアと再び議論し，制御対象である TB の部品を一部変更することで TB に割り当てられたパラメータである c_Damping を従来比 1.1 倍に変更する案がシステムズエンジニアから提示された．更新されたパラメータで再度シミュレーションを試み，図 4.40 および図 4.41 に示すとおり，達成基準を満たすことが確認できた．図 4.40 より設定された 2 つの達成基準を両方とも満たすことが確認でき，図 4.41 より課題であったハンチングが抑制されていることが確認できる．以上により要求 No.3 および要求 No.3.1 に対するシミュレーションによる検証が完了したことをシステムズエンジニアと分析担当エンジニアが確認した．

機構上の制約はパラメータ「Open Angle」で定義されており（図 4.25），シミュレーションモデルにはこの制約が含まれていたためハンチングを生じ

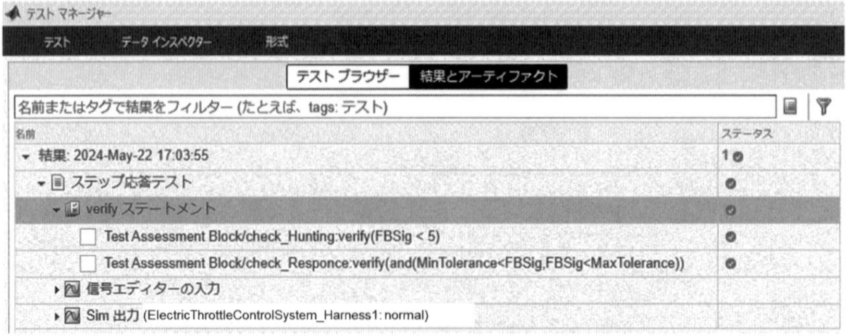

テスト マネージャー
テスト
データ インスペクター
形式
テスト ブラウザー
結果とアーティファクト
名前またはタグで結果をフィルター (たとえば、tags: テスト)
名前
ステータス
結果: 2024-May-22 17:03:55
1
ステップ応答テスト
verify ステートメント
Test Assessment Block/check_Hunting:verify(FBSig < 5)
Test Assessment Block/check_Responce:verify(and(MinTolerance<FBSig,FBSig<MaxTolerance))
信号エディターの入力
Sim 出力 (ElectricThrottleControlSystem_Harness1: normal)

図 **4.40**　パラメータ更新後のテスト合否判定結果

i アクセル踏み込み率
時間プロット
Settling Time
= 0.1 [sec]
ii スロットル角度センサ電圧
Tolerance
= ±10%
iii 達成基準に基づく検証結果
Fail
Pass
Untested

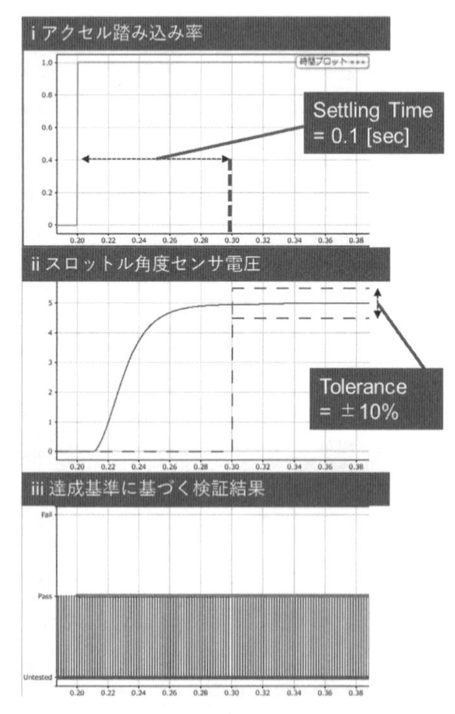

図 **4.41**　パラメータ更新後のシミュレーション結果

る現象に気付くことができた．物理的制約についての記述を明確に行うことに加えて，シミュレーションやテストなどでの達成基準の設定には十分に注意することが求められる．また，システム全体に対してより広い視点や他のコンポーネントとの影響度を理解するシステムズエンジニアと相談し，目標

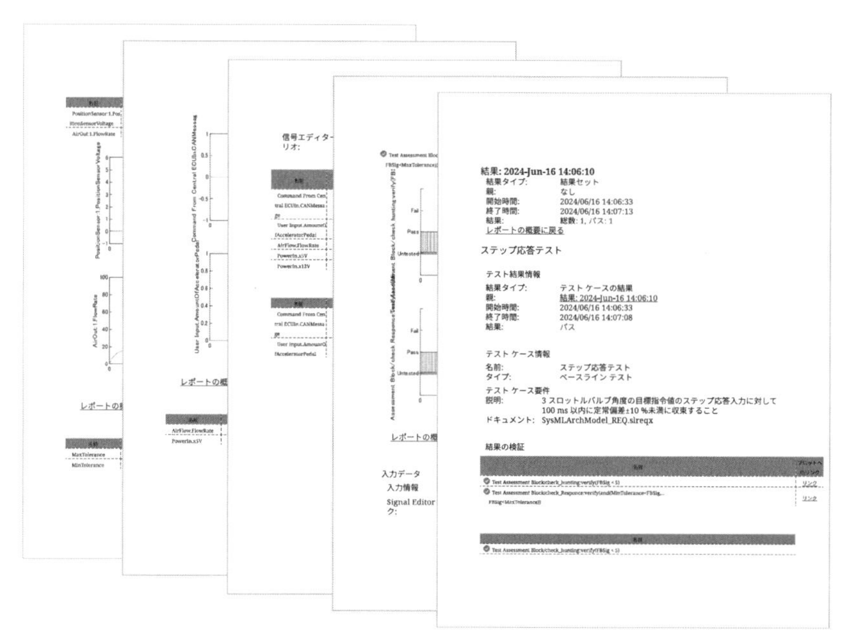

図 4.42 **Simulink Test** テストファイルから生成したレポート

を達成するための方法が他にないかを検討することも重要である．図 4.19 で示した「Step2 検証の準備と実施内でのシステムズエンジニアと分析担当エンジニアが実践すべきこと」を考慮した上で連携モデル（System Composer, Simulink モデル）を，両者で共通認識を得るためのモデルとして活用して議論を進めることは重要である．

(5) Step3　検証エビデンスの作成：ワーク⑨

詳細化された要求，詳細パラメータ，テストファイルの定義が完了した後，分析担当エンジニアはレポートを作成して，システムズエンジニアと共有する．

⑨検証結果レポートの作成

例として図 4.42 に Simulink Test テストファイルから生成したレポートの一部を示す．Step2 で作成した詳細化された要求，テストケース，テスト結果，トレーサビリティリンクをまとめたレポートを PDF 等の汎用ドキュメント形式として生成する.

4.3.3 補足情報

本事例で紹介したモデルファイルは，File Exchange で公開されており誰でもダウンロード可能である.

- File Exchange サンプルページ
  ▷ https://www.mathworks.com/sysml-samples

サンプルは MathWorks GitHub リポジトリでも公開されており，モデルファイル名「JP SysML Connector Simple Workflow」をリポジトリ内で検索することでも取得可能である.

- MathWorks GitHub リポジトリ
  ▷ https://github.com/mathworks

SysML Connector は，System Composer のサポートパッケージとして下記のページから別途取得が必要である.

- SysML Connector Product Support Package
  ▷ https://jp.mathworks.com/sysml

本書で紹介した製品はその後のアップデートで新たな機能が追加されている可能性もあるため，MathWorks の Web ページで最新の機能を確認することを推奨する.

- MBSE 向けシステムおよびソフトウェアアーキテクチャの設計，解析，テスト
  ▷ https://jp.mathworks.com/solutions/model-based-systems-engineering.html

製品機能の詳細は MathWorks のヘルプドキュメントをご覧いただきたい.

- Simulink Test「テストハーネス機能」
  ▷ https://jp.mathworks.com/help/sltest/test-harnesses.html

- Simulink「モデルの比較」
  ▷ https://jp.mathworks.com/help/simulink/model-comparison.html

参考文献

【国際標準】

[S.1] INTERNATIONAL STANDARD, ISO/IEC 15288:2023, Systems and software engineering ——System life cycle processes

[S.2] INTERNATIONAL STANDARD, ISO 21448:2022, Road vehicles ——Safety of the intended functionality

[S.3] INTERNATIONAL STANDARD, ISO/IEC/IEEE 12207

[S.4] INTERNATIONAL STANDARD, ISO/IEC/IEEE 32675-2022 (E) Information Technology -DevOps -Building reliable and secure systems including application build, package, and deployment

[S.5] INTERNATIONAL STANDARD, ISO/IEC/IEEE 29148:2018, Systems and software engineering ——Life cycle processes —— Requirements engineering

[S.6] INTERNATIONAL STANDARD, ISO/IEC/IEEE 21841:2019, Systems and software engineering ——Taxonomy of systems of systems

[S.7] INTERNATIONAL STANDARD, ISO/IEC/IEEE 42020:2019, Software, systems and enterprise ——Architecture process

[S.8] INTERNATIONAL STANDARD, ISO/IEC/IEEE 42010:2022, Software, systems and enterprise ——Architecture description

[S.9] INTERNATIONAL STANDARD, ISO 9001:2015, Quality management systems —— Requirements

[S.10] AUTOMOTIVE QUALITY MANAGEMENT SYSTEM STANDARD, IATF 16949:2016, -Quality Management System Requirements for Automotive Production and Relevant Services Parts Organizations

[S.11] INTERNATIONAL STANDARD, ISO 26262:2018, Road vehicles —— Functional safety ——

[S.12] INTERNATIONAL STANDARD, ISO/SAE 21434:2021, Road vehicles —— Cybersecurity engineering

[S.13] INTERNATIONAL STANDARD, ISO 24089:2023, Road vehicles —— Software update engineering

[S.14] INTERNATIONAL STANDARD, ISO/IEC/IEEE 15288:2015, Systems and software engineering —— System life cycle processes

[S.15] SAE INTERNATIONAL, J3016:2021, SURFACE VEHICLE RECOMMENDED PRACTICE, Taxonomy and Definitions for Terms Related to Driving Automation Systems for On-Road Motor Vehicles

[S.16] STANDARD FOR SAFETY, UL 4600:2023, Evaluation of Autonomous Products

[S.17] INTERNATIONAL STANDARD, ISO/IEC 19514:2017, Information technology —— Object management group systems modeling language (OMG SysML)

[S.18] INTERNATIONAL STANDARD, ISO/IEC Guide 51:2014, Safety aspects —— Guidelines for their inclusion in standards

[S.19] 日本規格, JIS Z 8051:2015, 安全側面—規格への導入指針

[S.20] INTERNATIONAL STANDARD, IEC 61882:2016, Hazard and operability studies (HAZOP studies) -Application guide

【海外書籍】

[A.1] Systems Engineering Handbook: A Guide for System Life Cycle Processes and Activities, 4th Ed. (2015), INCOSE, Wiley ⇒ 文章内で「SEH 4th Ed.」と表記

[A.2] Kevin Forsberg, Hal Mooz, Howard Cotterman (2005), Visualizing Project Management, Third Edition, John Wiley & Sons, Inc.

[A.3] Systems Engineering Handbook: A Guide for System Life Cycle Processes and Activities, 5th Ed. (2023), INCOSE, Wiley ⇒ 文章内で「SEH 5th Ed.」と表記

[A.4] Sanford Friedenthal, Alan Moore, Rick Steiner (2014), A Practical Guide to SysML-The Systems Modeling Language, 3rd Ed., The MK/OMG Press, Morgan Kaufmann

[A.5] Forrester, J. W. (1961), Industrial Dynamics, Waltham, MA：Pegasus Communications

【日本語書籍】

[N.1] 西村秀和（監訳）(2019),『システムズエンジニアリングハンドブック第 4 版』, 慶應義塾大学出版会

[N.2] 西村秀和（監訳）(2012),『システムズモデリング言語 SysML』（A Practical Guide to SysML の翻訳本）, 東京電機大学出版局

[N.3] 河野文昭, 小田祐司, 清水祐樹, 土屋友幸, 阪野正樹, 松田香理 (2024),『Lean Enablers for Automotive SPICE—真の価値を生み出すプロセス実践ガイド—』,

風詠社

【日本の論文】

[NP.1] 河野文昭，落合志信，酒井良和，永井芳幸，大塚敏史，橋本岳男，西村秀和 (2022)，運用設計ドメイン定義に基づく自動運転システムモデルの構築と SOTIF の考え方に基づいた安全分析アプローチの提案，自動車技術会論文集，53 巻 1 号，pp.188-195

[NP.2] 河野文昭，西村秀和 (2021)，自動車搭載製品のための振る舞いモデルの相互作用に基づく安全分析アプローチの提案，自動車技術会論文集，52 巻 2 号，pp.517-522

[NP.3] 西村秀和，中本貴之，宮下真哲 (2017)，自動車のパワーバックドアシステム開発のためのモデルベースシステムズエンジニアリングの適用，SEC journal, 12(4), pp.34-43

[NP.4] 君嶋和之，西村秀和 (2001)，車両運動シミュレーション用エンジンベンチのロバスト制御，日本機械学会論文集，C 編，Vol.67, No.653, pp.94-101

【海外の論文】

[AP.1] Judith Dahmann; George Rebovich; JoAnn Lane; Ralph Lowry; Kristen Baldwin, An implementers' view of systems engineering for systems of systems, 2011 IEEE International Systems Conference, DOI: 10.1109/SYSCON.2011.5929039

[AP.2] Rick Dove; William Schindel; Robert Will Hartney, Case study: Agile hardware/firmware/software product line engineering at Rockwell Collins, 2017 Annual IEEE International Systems Conference, DOI: 10.1109/SYSCON.2017.7934807

【Web】

[W.1] SAFe 6.0, https://scaledagileframework.com/, https://scaledagileframework.com/model-based-systems-engineering/

[W.2] Business Motivation Model, Specification, Version 1.3, available from ⟨https://www.omg.org/spec/BMM/⟩, (accessed on 31st May 2023)

[W.3] Enterprise Architecture Guide for UAF Version 1.2, OMG Document Number: formal/22-07-10, available from ⟨https://www.omg.org/spec/UAF/1.2⟩, (accessed on 28th Dec 2024)

[W.4] OECD Skills Studies, Skills for Social Progress, THE POWER OF SOCIAL AND EMOTIONAL SKILLS, https://www.oecd.org/en/publications/skillsfor-social-progress_9789264226159-en.html

[W.5] WM Kimmel 著 · 2020, Technology Readiness Assessment Best Practices Guide, NASA (.gov), https://ntrs.nasa.gov > api > citations > downloads

[W.6] The Magical Number Seven, Plus or Minus Two: Some Limits on our Capacity for Processing Information, available from ⟨https://labs.la.utexas.edu/gilden/files/2016/04/MagicNumberSeven-Miller1956.pdf⟩, (accessed on 12th June 2024)

[W.7] SEBoK, Digital Engineering, https://sebokwiki.org/wiki/Digital_Engineering

[W.8] Surrogate model, https://en.wikipedia.org/wiki/Surrogate_model

[W.9] Systems Engineering Guidebook, February 2022, Office of the Deputy Director for Engineering, Office of the Under Secretary of Defense for Research and Engineering, https://ac.cto.mil/wp-content/uploads/2022/02/Systems-Eng-Guidebook_Feb2022-Cleared-slp.pdf, (accessed on 28th Dec 2024)

索　引

【さ】

【た】

〈編著者紹介〉

西村秀和（にしむら ひでかず）

1990 年　慶應義塾大学大学院機械工学研究科機械工学専攻後期博士課程修了
現　在　慶應義塾大学大学院システムデザイン・マネジメント研究科教授
　　　　工学博士
専　門　モデルベースシステムズエンジニアリング，システムズモデリング言語 (SysML)，制御システム設計，運動と振動の制御，システム安全，UAF
主　著　『システムズエンジニアリングハンドブック第 4 版』（監修・翻訳，慶應義塾大学出版会，2019），『システムズモデリング言語 SysML』（監訳，東京電機大学出版局，2012），『デザイン・ストラクチャー・マトリクス DSM：複雑なシステムの可視化とマネジメント』（監修・翻訳，慶應義塾大学出版会，2014），『MATLAB による制御理論の基礎』（共著，東京電機大学出版局，1998），『MATLAB による制御系設計』（共著，東京電機大学出版局，1998）

〈著者紹介〉

河野文昭（こうの ふみあき）

2019 年　慶應義塾大学大学院システムデザイン・マネジメント研究科修士課程修了
現　在　スズキ株式会社技術戦略本部技術基盤戦略部主査，慶應義塾大学大学院システムデザイン・マネジメント研究科非常勤講師
　　　　システムエンジニアリング学修士
専　門　システムズエンジニアリング，自動車機能安全，自動車サイバーセキュリティ，Automotive SPICE に基づくプロセス改善，制御ブレーキシステム，車載通信システム
主　著　『Lean Enablers for Automotive SPICE—真の価値を生み出すプロセス実践ガイド—』（共著，風詠社，2024），『システムズエンジニアリングの探求』（共訳，鳥影社，2024），『Don't Panic! モデルベースシステムズエンジニアリング入門者向けガイド』（共訳，INCOSE UK，2023），『Don't Panic! SysML v2 入門者向けガイド』（共訳，INCOSE UK，2024）

実践に活かす
モデルベースシステムズ
エンジニアリングの基礎

Practical Foundations for
Model-Based Systems Engineering

2025 年 4 月 15 日　初版 1 刷発行

編著者　西村秀和
著者　河野文昭　© 2025
発行者　南條光章
発行所　**共立出版株式会社**
〒112-0006
東京都文京区小日向 4-6-19
電話　03-3947-2511（代表）
振替口座　00110-2-57035
URL www.kyoritsu-pub.co.jp

印　刷
製　本　大日本法令印刷

一般社団法人
自然科学書協会
会員

検印廃止
NDC 509.6

ISBN 978-4-320-08232-8

Printed in Japan